· HOTEL ·

Check List

유모차 대여, 야외 놀이터
탁아 서비스 등
한눈에 보는 호텔 체크리스트

객실용품 (비치/대여)						
젖병소독기	가습기	공기청정기	전자레인지	전기포트	어린이슬리퍼	아기욕조
O	O	O	O	O	O	O
O	O	O	X	O	O	O
O	O	O	인룸다이닝으로 제공(이유식만)	O	X	O
O	O	O	편의점 이용	O	O(키즈룸)	O
O	O	X	편의점 이용	O	X	O
X	O	O	O	O	O	O
X	O	O	X	O	패키지상품 선택시	X
X	O	O	O	O	패키지상품 선택시	X
X	O	O	공용부 비치	O	X	X
O	O	O	인룸다이닝으로 제공(이유식만)	O	X	O
X	O	O	일부 객실	O	X	X
수유실이용	O	O	수유실 비치	O	X	O
X	O	X	O	O	X	X
O	O	X	X	O	X	O
O	O	X	공용부 비치	O	O(키즈룸)	O
O	O	O	편의점 이용	O	X	O
O	O	O	편의점 이용	O	X	O
O	X	X	공용부 비치	O	X	O
O(유료)	O(유료)	O	공용부 비치	O	O(키즈룸)	O(유료)
X	O	O	인룸다이닝으로 제공	O	O	X
O	O	X	O	O	X	O
O	O	O	수유실 비치	O	X	O
O	O	O	수유실 비치	O	X	O
X	O	X	O	O	X	X
X	O	O	인룸다이닝으로 제공(이유식만)	O	O	O
X	O	O	X	O	X	O
X	O	O	로비에 비치	O	X	O
O	O	O	인룸다이닝으로 제공(이유식만)	O	O(키즈룸)	O
O	O	O	X	O	O	O
O	O	O	X	O	O(유료)	O
O	X	O	공용부 비치	O	O	O
X	X	X	공용부 비치	O	X	X

시 호텔 컨시어지로 확인 부탁드립니다.

욕실용품 (비치/대여)						
키즈 샤워가운	유아용 목욕용품	유아변기	기저귀 휴지통	스테퍼	수영장	키즈풀
O	O	O	O	O	O	O
O	O	O	O	O	O	O
X	X	X	X	O	O	O
O(키즈룸)	O(키즈룸)	변기커버	X	O	리노베이션중	리노베이션중
X	X	X	X	X	O	O
X	O	O	X	X	O	O
X	패키지상품 선택시	X	X	X	O	X
X	패키지상품 선택시	X	X	X	O	X
X	X	X	X	X	O	X
X	O	O	X	O	O	O
X	O	X	X	X	O	O
O	X	O	X	O	O	O
O(키즈룸)	X	O(키즈룸)	X	X	X	X
X	X	변기커버	X	O	O	X
O(키즈룸)	O(키즈룸)	변기커버	X	O	O	O
X	X	변기커버	X	X	O(유료)	O(유료)
X	X	변기커버	X	X	O(유료)	O(유료)
O(키즈룸)	O(키즈룸)	변기커버	X	O(키즈룸)	O	X
O(키즈룸)	O(키즈룸)	O(키즈룸)	X	X	O(유료)	O(유료)
패키지상품 선택시	O	X	X	X	O	O
X	O	X	X	X	O	O
X	O	변기커버	X	O	O	O
X	X	X	X	X	O	O
X	X	X	X	X	O	X
O	O	변기커버	X	O	O	O(실외의 경우 시즌별 상이)
X	X	변기커버	X	X	유료(모실/탐모라)	O
X	X	X	X	X	O	X
O(키즈룸)	O	변기커버	X	O	O	O
X	X	변기커버	X	O	O	O
X	X	변기커버	X	O	O	O
O	O	변기커버	X	X	O	O
X	X	X	X	X	O	O

부대시설					유아동반 투숙 관련 프로그램	
키즈클럽	야외 놀이터	게임룸	유아동반 라운지	코인세탁실	탁아 서비스	키즈 액티비티
O	O	X	O	X	O(외주)	O
X	X	X	X	X	X	X
X	X	X	X	X	X	X
X	X	X	X	X	X	X
X	X	X	X	X	X	O
O	X	O	O	객실 내 세탁기 비치	X	X
O	X	X	X	X	X	X
O	X	X	X	객실 내 세탁기 비치	X	X
X	X	X	X	O	X	X
O	O	O	패밀리 라운지	X	X	O
X	O	X	O	X	X	O
O	O	X	X	X	X	X
O(키즈룸)	X	X	X	객실 내 세탁기 비치	X	X
O	O	O	X	X	X	O
O	O	X	X	O	X	O
O(유료)	X	O	X	X	X	X
O(유료)	X	O	X	X	X	X
O(유료)	X	O	X	O	O	O
X	O	O	ㅍ	O	X	O
O	O	X	O	X	O	X
X	X	X	O	X	X	X
O	X	O	O(49개월 이상)	X	X	O
O(유료)	X	O	O	X	X	X
X	O	X	X	객실 내 세탁기 비치	X	O
O	O	X	X	X	X	O
O(유료)	O	X	O	X	X	O
X	O	O	X	X	X	O
O	O	O	X	X	O	O
O	O	O	X	O	O	O
O	O	O	X	O	O	O
O(유료)	X	O	X	X	O	O
X	O	O	X	X	X	X

![HOTEL]	키즈룸	유모차	키즈텐트(대여)	아기침대	침대 안전가드
포시즌스 호텔 서울	X	O	O(유료)	O	O
서울신라호텔	O	O	X	O	O
반얀트리 클럽 앤 스파 서울	X	O	X	O	O
롯데 호텔 월드	O	O	X	O	O
메이필드 호텔 서울	O	O	X	O	O
그랜드 머큐어 앰배서더 호텔 앤 레지던스 서울 용산	X	X	X	O	O
노보텔 앰배서더 서울 동대문 — 호텔	X	X	X	O	O
노보텔 앰배서더 서울 동대문 — 레지던스	O	X	X	X	O
롯데 시티 호텔 마포	X	O	X	O	X
파라다이스시티	X	O	X	O	O
그랜드 하얏트 인천	X	O	O(유료)	O	X
네스트 호텔 인천	X	O	X	O	O
오크우드 프리미어 인천	O	O	X	O	O
롤링힐스 호텔	X	O	X	O	O
켄싱턴 호텔 평창	O	O(웨건)	X	O	O
롯데리조트 속초 — 호텔	X	O	X	O	O
롯데리조트 속초 — 리조트	X	O	X	O	O
세인트존스 호텔	O	O	O(유료)	O	O
롯데리조트 부여	O	O	X	O(유료)	O(유료)
시그니엘 부산	X	O	X	X	X
아난티 힐튼 부산	X	O	X	O	O
파라다이스 호텔 부산	X	O	O(패키지 예약)	O	O
라한셀렉트 경주	O	O	X	O	O
제주 신화월드 호텔 & 리조트 — 서머셋	O	O	X	O	X
제주 신화월드 호텔 & 리조트 — 메리어트관	X	O	X	O	O
제주 신화월드 호텔 & 리조트 — 랜딩관	X	O	X	O	O
제주 신화월드 호텔 & 리조트 — 신화관	X	O	X	O	O
롯데 호텔 제주	O	O	X	O	O
해비치 호텔 & 리조트 제주 — 호텔	X	O	X	O	O
해비치 호텔 & 리조트 제주 — 리조트	X	O	X	O	O
호텔 토스카나	O	O	X	O	O
흰 수염 고래 리조트	O	X	X	X	X

※ 체크리스트 정보는 2022년 1월 기준으로 작성했습니다. 코로나19로 인한 사회적 거리두기 방침에 따라 부대시설 이용 방침이 수시로 변경되니 호텔 예약이나 방
※ 침대 가드, 젖병소독기 등 대부분의 유아용품은 사전 예약이나 체크인 시 선착순으로 대여 가능하니 해당 사항은 각 호텔 컨시어지로 확인 부탁드립니다.

멀리 떠나지 않아도 행복한 가족여행

아이와 함께
호캉스

김수정 | 김승남 지음

길벗

아이와 함께 호캉스

초판 발행 · 2022년 2월 18일

지은이 · 김수정 · 김승남
발행인 · 이종원
발행처 · (주)도서출판 길벗
출판사 등록일 · 1990년 12월 24일
주소 · 서울시 마포구 월드컵로10길 56(서교동)
대표전화 · 02)332-0931 | **팩스** · 02)322-0586
홈페이지 · www.gilbut.co.kr | **이메일** · gilbut@gilbut.co.kr

편집팀장 · 민보람 | **기획 및 책임편집** · 서랑례(rangrye@gilbut.co.kr)
제작 · 이준호, 손일순, 이진혁 | **영업마케팅** · 한준희 | **웹마케팅** · 김선영
영업관리 · 김명자 | **독자지원** · 윤정아, 홍혜진

표지 디자인 · 신세진 | **본문 디자인** · 최주연 | **전산편집** · 김영주 | **교정** · 이정현
CTP 출력 · **인쇄** · 교보피앤비 | **제본** · 경문제책

ISBN 979-11-6521-870-6(13980)
(길벗 도서번호 020139)

정가 17,500원

독자의 1초까지 아껴주는 정성 길벗출판사

(주)도서출판 길벗 | IT실용서, IT/일반 수험서, IT전문서, 경제실용서, 취미실용서, 건강실용서, 자녀교육서
더퀘스트 | 인문교양서, 비즈니스서
길벗이지톡 | 어학단행본, 어학수험서
길벗스쿨 | 국어학습서, 수학학습서, 유아학습서, 어학학습서, 어린이교양서, 교과서

페이스북 · www.facebook.com/travelgilbut | 블로그 · http://blog.naver.com/travelgilbut

독자의 1초를
아껴주는 정성!

세상이 아무리 바쁘게 돌아가더라도
책까지 아무렇게나 빨리 만들 수는 없습니다.
인스턴트 식품 같은 책보다는
오래 익힌 술이나 장맛이 밴 책을 만들고 싶습니다.

땀 흘리며 일하는 당신을 위해
한 권 한 권 마음을 다해 만들겠습니다.
마지막 페이지에서 만날 새로운 당신을 위해
더 나은 길을 준비하겠습니다.

독자의 1초를 아껴주는 정성을
만나보십시오.

저의 MBTI는 J(일에 앞서 구체적인 계획을 세우는 유형)가 무척이나 발달한 ESFJ입니다. 여행을 떠나기 전 원하는 목적지와 찾아가는 법 등을 엑셀 파일에 분 단위로 쪼개 정리해두는 것은 계획이 없으면 불안해하는 저에게 너무나도 당연한 일이었습니다. 이른 아침 일어나 조식을 챙겨 먹고 계획한 관광지와 레스토랑, 카페를 모두 들른 후 호텔에 돌아와야만 마음 편히 잠자리에 들 수 있었습니다.

하지만 아이가 태어나고 함께 떠난 여행지에서 제 최고의 여행 메이트이던 엑셀 파일은 거추장스러운 종이 쪼가리로 전락하고 말았습니다. 제가 계획하고 꿈꾸던 여행을 아이가 100% 따라주지 않을 거라 예상은 했지만 현실은 훨씬 참혹했습니다. 아이는 유명 관광지와 맛집 대신 호텔 수영장에서, 키즈 클럽에서, 호텔 산책로에서 더 큰 미소를 보여주었습니다.

아이에게는 엄마, 아빠와 어딘가로 여행을 가는 것이 중요한 게 아니라 가족과 함께 많은 시간을 보내는 것이 행복하고 즐거운 일이라는 사실을 깨닫기까지 그리 오랜 시간이 걸리지 않았습니다. 그런 아이와 조금 더 많은 시간을, 조금 더 특별한 시간을 보내기 위해 제가 선택한 여행지는 바로 '호텔'이었습니다.

호캉스(hocance)는 호텔(hotel)과 바캉스(vacance)의 합성어로 호텔에서 제공하는 다양한 서비스와 부대시설을 즐기는, 새로운 일상에 어울리는 새로운 여행 트렌드입니다. 해외여행길이 막힌 요즘, 굳이 멀리 여행을 떠나지 않아도 가까운 국내 호텔에서 아이와 색다른 여행을 즐길 수 있었습니다. 좋아하는 캐릭터로 가득한 키즈 룸, 맛있는 쿠키를 만들고 신나게 뛰어놀 수 있는 키즈 클럽, 사계절 물놀이를 즐길 수 있는 호텔 수영장까지.

이 책에는 작가들이 직접 아이와 숙박하며 경험한 다양한 호텔 중 '아이와 함께 호캉스' 즐기기 좋은 호텔만 모았습니다. 호텔에서 경험할 수 있는 다양한 프로그램과 시설 또한 꼼꼼하게 기록했습니다. 광고로 가득한 인터넷 세상 말고 광고 없는 '#내돈내산' 후기를 들려드리기 위해 노력했습니다.

아이와 떠나는 여행은 그 어떤 여행보다 많은 준비가 필요한 것이 사실입니다. 이 책이 아이와의 여행을 망설이는 많은 엄마, 아빠에게 큰 용기가 되어주기를 바랍니다.

Special Thanks to

취재와 자료 제공에 도움을 주신 메이필드 호텔 서울 정미향 님, 반얀트리 클럽 앤 스파 서울 강동향 님, 라한셀렉트 경주 조민영 님, 켄싱턴 호텔 평창 조은지 님, 세인트존스 호텔 양다연 님, 네스트 호텔 이효선 님, 호텔 토스카나 주혜선 님, 롯데 시티 호텔 마포 최서문 님께 다시 한번 감사드립니다.
든든한 조력자이신 길벗의 민보람 차장님, 끝까지 믿고 마무리할 수 있도록 이끌어주신 서랑례 에디터 님, 예쁘게 디자인해주신 길벗 디자인 팀, 글을 매끄럽게 다듬어주신 교정자 이정현 님, 그리고 든든한 파트너 김승남 작가님에게도 감사 인사를 드립니다.
끝으로, 늘 함께 여행하며 크나큰 힘이 되어주는 강정훈 님, 제 최고의 여행 파트너이자 멋진 모델이 되어주는 강민아 님께 진심으로 감사드립니다.

2022년 고고씽, 김수정

2022년 1월, 우리는 참으로 이상하고 견디기 힘든 시간을 보내고 있습니다. 일상은 파괴되고 삶은 무너진 것 같은 암담함 속에서, 여전히 소중한 우리 일상과 삶을 붙든 채 살아가고 있죠. 모든 게 자유로웠던 생활의 대부분이 얼마만큼씩 제한된 오늘을 살아낸다는 것은 참으로 고된 일입니다. 여행을 좋아하는 이들도, 그저 아이들과 평범한 시간을 보내고자 하는 이들도 물론 그렇겠죠. 제가 바로 그런 사람이거든요.

오늘날 우리는 호텔이 목적지인 여행도, '호캉스'라는 신조어도 전혀 어색하지 않은 시대를 살고 있습니다. 그리고 이 책은 가족과 함께, 특히 아이들과 함께 떠나기 좋은 호캉스 여행을 이야기합니다. 호텔을 목적지로 삼은 호캉스는 아이와 함께하는 것으로는 이만한 게 없을 만큼 근사하고 훌륭한 여행법입니다. 아이들에게는 무한한 즐거움을, 엄마와 아빠에게는 더없이 넉넉한 쉼을 선사하기 때문이죠. 그건 굳이 팬데믹이 아니어도 그럴 것 같습니다. 호텔로 향하는 여행은 그 자체로 충분히 멋진 가족 여행이 될 테니까요.

이전 여행책에서도 그랬지만 이 책에서도 똑같이 다짐한 게 하나 있다면, 저와 아이가 직접 묵으며 경험한 만큼만 책에 담겠다는 것입니다. 생각과 판단의 정도가 다소 다를 수는 있겠지만 정직하게 쓰고자 노력한 만큼, 독자 여러분께서는 그저 또 하나의 가족 여행을 꿈꾸는 마음으로 편안하게 이 책을 골라 읽어주시면 좋겠습니다.

욕심이라면, 이 책을 펼치고 있는 짧은 순간만큼이라도 육아 전쟁에서 벗어나 소소한 쉼의 시간이 되길 바랄 뿐이죠. 그리고 이 책의 도움을 받아 때로는 럭셔리하고 때로는 소소하며, 또 때로는 즐겁고 때로는 넉넉한 호캉스의 주인공이 되어보신다면 더 바랄 게 없겠네요.

코로나가 파고든 일상에서 집에서만 꼬박 하루를 보내야 하는 이 시대 모든 아이들, 그리고 그 아이들과 온종일 씨름해야 하는 이 시대 모든 엄마, 아빠가 하룻밤 꿈 같고 꿀 같은 여행을 하게 되길, 여행 작가이기보다는 두 아이 아빠로서 따뜻한 응원을 보냅니다.

Special Thanks to

포시즌스 호텔 서울 최희윤 님, 서울신라호텔 서송희 님, 김정식 님, 노보텔 앰배서더 동대문 이희정 님, 파라다이스시티 박우정 님, 양윤정 님, 그랜드 하얏트 인천 신은애 님, 강보경 님, 오크우드 프리미어 인천 김호진 님, 이수지 님, 해비치 호텔 & 리조트 최수혜 님, 시그니엘 부산 김리원 님, 아난티 힐튼 부산 김민주 님, 롯데리조트 유다솔 님, 제주신화월드 변민아 님, 주은민 님, 연이은 크고 작은 부탁에도 취재와 자료 제공에 도움을 주셔서 감사드립니다.

늘 믿고 함께 작업할 수 있는, 이제는 오랜 파트너인 김수정 작가님, 또 다른 책 작업에 동참할 수 있도록 기회를 주신 길벗의 민보람 차장님, 게으르고 까탈스러운 작가를 토닥이며 모든 출간 과정을 이끌어주신 서랑례 님. 이 책이 빛을 볼 수 있게 된 것은 모두 여러분 덕분입니다.

마지막으로 아빠를 따라 모든 호텔을 누비며 모델 역할을 톡톡히 해준 사랑스러운 온유, 집필과 취재 중 우리에게 찾아와준 아인, 만삭의 몸을 이끌고 모든 취재 여행에 동행해준 저의 첫 독자 지혜에게 다함 없는 감사의 마음을 전합니다.

2022년 김승남

본문 들여다보기

한 눈에 보는 호텔 정보 ▶

각 호텔의 특장점과 체크인·
체크아웃 시간, 가격대, 주소,
홈페이지, 전화번호 등 기초
정보를 담았습니다.

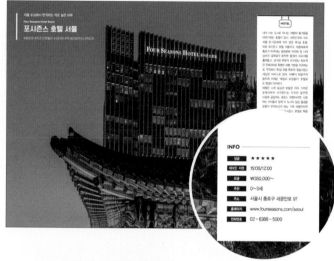

하이라이트 ▶

아이와 함께하는 호캉스 장소
를 선택할 때 기준이 되는 가
장 중요한 장점을 한눈에 파
악하도록 글과 사진으로 보여
줍니다.

＊이 책에서는 아이와 함께 가기 좋은 국내 호텔 26곳을 엄선해 소개했습니다. 책에 기재한 호텔 정보는 2022년 1월 기준으로 작성
했습니다. 따라서 출판 후 독자분들의 호텔 방문 시점에 따라 정보가 변동될 수 있으니 양해 바랍니다. 특히 코로나19로 인한 사회적
거리두기 방침에 따라 수영장, 식당, 사우나, 키즈 프로그램 등 호텔 부대시설 이용 방침이 수시로 변경되니 호텔 예약이나 방문 전
반드시 호텔 컨시어지로 확인 부탁드립니다.

Check Point

1 품격이 느껴지는 서울신라호텔만의 객실

Rooms & Amenities

Check Point

2 탄탄한 기본기로 투숙객의 마음을 사로잡는 부대시설

Facilities

042 / 043

◀ 체크포인트

아이를 둔 여행 작가 2명이 직접 체험하고 느낀 점을 호텔별로 룸, 부대시설, 식사, 서비스 등 세부적으로 나눠 꼼꼼하게 설명해줍니다.

PIC A PIC!

호캉스의 추억을 오래도록 간직해줄 포토 스폿을 모으고 모았다
컬러 넘실 어린 사진 한 장이 호캉스의 시간을 더욱 특별하게 채워준다.

쿠사마 야요이 자이언트 펌프킨

이프로 충전되는 피라다이스 워크

Plus Tip : 이것도 놓치지 말자!

매일 내 아이들은 최대한 멀리 포장하자!

3개의 뭘, 6개의 매력, 당신의 선택은?

134 / 135

PIC A PIC & Plus Tip ▶

아이들과 기념사진을 남길 만한 호텔 안 포토 스폿, 아이와 좀 더 여유롭게 호캉스를 즐길 수 있는 꿀팁을 알려줍니다. 각 호텔의 특성에 따라 유동적으로 구성되는 페이지 입니다.

Photo Essay

반나절 여행 코스

체크아웃 · 렉스 더 스카이 · 때론대체수족관 · 올팩섬 · 때론대형투라인파크

렉스 더 스카이(EX the Sky)

때론대체수족관

올팩섬

때론대형블루투라인파크

224 / 225

◀ Photo Essay & 반나절 여행 코스

아이와 호캉스를 즐기며 느낀 감상을 사진과 함께 보여주는 페이지. 체크인 전, 체크아웃 후 가볼 만한 가까운 여행지를 소개합니다. 호텔 주변 여행지에 따라 유동적으로 구성되는 페이지 입니다.

목차

PART 1

서울

PART 2

인천 & 경기도

아이와 호캉스 이렇게 준비하세요

아이와 호캉스, 무엇부터 준비해야 할까요?
호텔 예약부터 호캉스를 즐길 때 꼭 지켜야 할 에티켓까지
호캉스를 준비할 때 필요한 기본 상식을 알려드릴게요.

**: 아이와 호캉스
예약하는
방법**

가장 손쉬운 방법은 네이버에서 원하는 호텔명을 검색하는 것이다. 대표적인 호텔 예약 사이트인 여기어때, 호텔스닷컴, 부킹닷컴, 아고다 등 국내외 다양한 사이트에서 예약 가능한 최저가 룸을 타입별로 한눈에 비교할 수 있다. 그러나 조식이나 키즈 클럽 이용권 등이 포함된 스페셜 패키지는 노출되지 않는 경우가 많다. 객실만 예약한다면 최저가 비교 사이트를 이용하는 것이 저렴할 수 있겠지만, 호텔에서 다양한 프로그램을 이용할 생각이라면 공식 홈페이지를 통한 예약을 추천한다.

호텔 공식 홈페이지에 접속해 스페셜 오퍼 혹은 패키지 메뉴로 들어가면 호캉스 목적에 따라 여러 프로그램이 포함된 패키지를 확인할 수 있다. 객실만 예약하는 것보다는 비싸겠지만 키즈 프로그램이나 레스토랑 이용을 고려한다면 추가 요금을 지불하는 것보다 더 합리적이다. 예약 시 조식 포함 여부, 수영장 입장 티켓, 다양한 특전 등을 꼼꼼하게 확인하는 것도 중요하다.

호텔 멤버십이 있다면 투숙에 따라 포인트가 적립되며 레스토랑 할인이나 룸 업그레이드 혜택 등을 받을 수 있다. 특정 호텔의 체인을 자주 이용할 계획이라면 예약 전 호텔 멤버십에 가입하는 것도 좋은 선택이다.

**: 호텔에서
이것만은 꼭
지켜주세요**

주거용 시설보다는 방음이 잘되는 편이긴 하지만 호텔에서도 층간 소음이 발생한다. 늦은 시간 너무 큰 소리로 떠들거나 뛰어다니는 행동은 주변 객실에 피해를 줄 수 있으므로 주의해야 한다.

기저귀를 착용해야 하는 아이라면 객실 내에서는 물론이고 수영장에서도 방수 기저귀 착용이 필수다. 혹시라도 아이가 이불에 실수했다면 호텔 측에 알리고 빠르게 해결하는 것이 좋다. 세탁만으로 해결되는 오염은 추가 비용을 받지 않는다. 하지만 벽이나 가구, 침구 등에 볼펜이나 사인펜을 그어 지워지지 않는 오염이 생겼다면 추가 비용이 발생할 수 있다. 그러므로 볼펜이나 사인펜 등은 되도록 호텔에 가지고 가지 않는 것을 추천한다.

객실 내에서 외부 음식을 먹는 것은 문제가 되지 않지만 남은 음식물을 변기에 넣는 행동은 되도록 하지 않는 것이 좋다. 변기가 막히는 일이 종종 발생하기 때문이다. 음식물 쓰레기는 작은 비닐에 따로 넣어 쓰레기통 옆에 놓아두면 된다.

3

: 객실에서
즐기는
여유로운
식사 시간,
룸서비스

룸서비스가 가능한 호텔인 경우 객실 내 책상이나 테이블 위에 룸서비스용 메뉴판이 비치되어 있다. 전화기나 패드를 통해 편하게 주문할 수 있지만 시간대별로 주문 가능한 메뉴가 조금씩 다르다. 원하는 메뉴가 있다면 가능 시간을 미리 체크해두는 것을 추천한다. 룸서비스로 제공하는 키즈 메뉴는 햄버거, 스파게티, 피자 등 7세 이상 아이를 위한 메뉴가 대부분이다. 이유식을 갓 졸업해 밥이나 국 등 한식 메뉴가 필요한 아이라면 미역국, 갈비탕 등 성인 메뉴를 주문하고 공깃밥을 추가 주문하자. 다양한 밑반찬이 포함되어 있기 때문에 메뉴 1개로 어른 1명과 아이 1명이 든든하게 식사 할 수 있다. 주말이나 성수기에는 룸서비스가 밀려 주문 후 1시간 이상 기다려야 하는 경우도 있다. 미리 원하는 시간을 지정해 주문하면 기다리는 시간을 줄일 수 있다.

4

: 아이는 물론
엄마, 아빠도
행복한 키즈
프로그램
예약하기

한정된 인원으로 진행하는 키즈 프로그램은 체크인 당일 예약이 불가한 경우가 많다. 미리 호텔 홈페이지를 확인한 후 원하는 시간을 선택해 전화로 예약하는 것이 좋다. 아이 연령에 따라 이용 가능한 프로그램이 다르니 이용 가능 연령을 확인하는 것도 필수다. 키즈 프로그램은 매달 조금씩 변경되거나 새로운 프로그램이 추가되는 경우도 많다. 체크인 3~4일 전 다시 한번 홈페이지를 확인해 내 아이에게 맞는 프로그램이 신설되었는지 확인하는 것도 추천한다.

5

: 아이와
호캉스할 때
챙겨 가면
좋아요

분유나 이유식을 먹는 아이라면 일정에 맞춰 소분한 분유와 이유식을 준비하자. 젖병 세척용 세정제와 솔 역시 챙겨야 한다. 호텔에서 직접 만든 이유식을 판매하는 경우도 있으니 이유식을 구입하고 싶다면 사전에 호텔에 연락해 확인해본다.
어린이용 어메니티를 구비하지 않은 호텔도 있으니 아이 샴푸와 로션 등은 미리 준비하자. 연고나 밴드 등 상비약이 필요하다면 호텔 컨시어지를 통해 도움을 받을 수 있다. 하지만 체온계나 어린이용 해열제, 알레르기 약은 미리 준비하는 것을 추천한다.
여벌 옷과 수영복, 수영모는 물론이고 평소 아이의 애착 인형이나 잠자리에서 읽을 동화책은 낯선 환경에서 잠드는 것을 불안해하는 아이에게 큰 도움이 된다. 객실에서 함께 즐길 간단한 보드게임이나 아이가 좋아하는 간식을 준비하는 것도 좋다.

아이와 호캉스 Q&A

엄마 아빠가 아이와의 호캉스를 준비할 때
진짜 궁금했던 점을 알려드려요.

---

01 **Q** : 작가님께서는 많은 호텔에 가보셨을 텐데 아이와 호캉스할 때 제일 중요
한 호텔 선택 기준이 무엇인가요?

....

A : 정답은 없지만 제 기준을 말씀드리자면, 청결함과 정갈함이 1순위이고 서비스 만족도가
2순위인 것 같아요. 아이와 함께하는 여행이다 보니 객실과 부대시설이 얼마나 깔끔한지
최우선으로 생각하게 되죠. 그래서 오픈한 지 얼마 되지 않은 '신상' 호텔이나 오래되었더
라도 깨끗하게 관리하는 곳을 선호하는 것 같아요.
서비스 만족도를 생각하는 것 또한 이 여행이 아이와 함께하는 것이기 때문인 것 같아요.
아무래도 아이에게 모든 신경을 쏟을 수밖에 없기 때문에, 기민하게 엄마, 아빠의 보이지
않는 요구 사항을 센스 있게 캐치하는 직원분이 있는 호텔이라면 두 번, 세 번 자꾸 찾게
돼요.

---

02 **Q** : 몇 살부터 방을 따로 잡아야 하나요? 나이 기준이 있나요?

....

A : 일반적으로 만 3~4세 미만인 경우 무료로 투숙할 수 있으며, 중학생 이상은 성인으로 보
는 경우가 많아요. 다만 호텔마다 기준이 모두 다르기 때문에 예약하려는 호텔에 일일이
확인해야 하는데, 가장 좋은 방법은 예약 시 인원 기준을 정확하게 입력하는 것이에요.
특히 아이 수와 만 나이를 함께 입력해 검색하면, 그 기준에 맞는 방만 검색되기 때문에
불필요한 혼란을 줄일 수 있습니다.
실제 투숙하는 인원보다 적게 예약한 경우, 부대시설이나 조식을 이용할 때 추가 인원에
대한 차지가 발생할 수 있다는 점, 꼭 기억하세요.

03

Q : 디럭스/더블/트윈/패밀리 룸/이그제큐티브 등 호텔마다 방 이름이 다르 던데 설명 부탁드려요

A : 먼저 등급을 나누는 용어로 스탠다드, 슈페리어, 디럭스, 프리미어 등이 있습니다. 호텔마다 조금씩 다르긴 하지만 대개 스탠다드가 낮은 등급, 프리미어가 높은 등급을 의미하죠. 그리고 침대 크기에 따라 싱글, 더블, 킹 등의 이름을 붙이는데, 침대 2개를 따로 두고 있다면 트윈이라고 해요. 패밀리 룸 같은 경우는 3~4인이 함께 묵을 수 있도록 더블 침대 두 채를 배치해둡니다. 그 외에 클럽 라운지 입장 혜택이 주어지는 클럽 룸이 있는데, 호텔에 따라 이그제큐티브 룸이라 부르기도 합니다. 또 조망에 따라 마운틴 뷰, 리버 뷰, 시티 뷰 등의 이름을 붙이기도 하며, 한쪽이 아닌 양쪽 벽에 모두 창이 있는 코너 룸도 있습니다.

객실 종류가 많은 호텔의 경우 등급, 침대 타입, 조망 등을 모두 설명하기 위해 객실 이름이 매우 길어지기도 해요. 예를 들어 코너 프리미어 킹 룸이라고 하면, 킹 사이즈 침대를 배치한 코너 조망의 상급 객실을 이야기하죠.

04

Q : 아이와 가장 저렴하게 호캉스를 즐길 수 있는 시기는 언제인가요?

A : 연말연시, 설 연휴와 추석 연휴, 여름 극성수기, 5월 초나 12월 말 등 누구나 아는 연휴라면 당연히 예약하기도 어렵고 숙박료도 높아지죠. 그 외에 징검다리 연휴가 있는 주에도 예약률이 높아집니다. 당연하게도 평일 요금이 10~30% 정도 저렴하지만, 주중에 마음껏 쉴 수 있는 엄마, 아빠가 얼마나 되겠어요. 주말을 끼고 하루 연차를 사용해 투숙할 거라면 금~토요일보다는 일~월요일에 투숙하는 게 조금 더 저렴한 편이에요.

05

Q : 조식 패키지를 신청했는데 아이를 동반할 경우 따로 요금을 내나요? 아니면 무료인가요?

A : 대부분의 특1급 호텔 뷔페 레스토랑의 경우 만 48개월 미만 유아는 무료입장이 가능합니다. 만 48개월부터 만 12세까지는 소아 요금(성인 요금의 50%)을 따로 내야 하죠. 다만, 부모 1명당 자녀 1명 무료 혜택 등 호텔마다 다양한 프로모션을 진행하니, 관련 정보를 잘 확인해보는 게 좋을 것 같아요.

06

Q : 라운지 패키지를 선택했는데 아이는 입장하지 못하나요?
아이와 함께 이용할 수 있는 라운지가 있나요?

A : 클럽 룸(이그제큐티브 룸)을 예약하셨나 보네요. 일반적으로 클럽 룸 투숙객이라면 누구든지 클럽 라운지에 입장할 수 있지만, 대부분 호텔의 경우 미성년자의 라운지 출입을 불허합니다. 포시즌스 호텔 서울, 그랜드 하얏트 인천 등 일부 호텔만이 유아의 클럽 라운지 입장을 허용하고 있어요.

07

Q : 아이 낳기 전에는 호캉스를 많이 즐겨보지 않았던 사람입니다.
정보를 찾다 보니 호텔 멤버십이 있더라고요.
멤버십에 가입하는 것이 장기적으로 이익이 되나요?

A : 혜택이 크고 작다는 차이는 있겠지만, 멤버십 자체는 가입해서 나쁠 게 없겠죠. F&B 할인이나 룸 업그레이드, 리워드 포인트 적립 등 혜택은 무궁무진하니까요. 여러 체인의 호텔을 두루 다니기보다 하나의 브랜드 체인 호텔을 계속 이용할 계획이라면 당연히 멤버십에 가입하는 게 좋겠죠? 이런 경우 혜택이 극대화되니까요.

08

Q : 아이와 호텔을 이용했는데 아주 불친절한 경험을 했습니다 (미리 요청해놓은 서비스 이용을 못하고 사과를 받지 못함). 이럴 경우 어떻게 컴플레인을 걸어야 하나요?

A : 컴플레인을 하는 방법에는 두 가지가 있는데, 잘못을 범한 직원과 대면해 직접 컴플레인 하는 것과 관리자를 통해 의견을 전달하는 것입니다. 저는 후자의 방법을 추천해요. 첫째 로 감정을 추스르고 사실을 기반으로 이야기를 전달할 수 있고, 둘째로 미흡한 서비스에 대해 매뉴얼을 확인할 수 있으며, 셋째로 빠르고 정확한 대응을 기대할 수 있기 때문이 죠. 미리 요청한 서비스를 제때 받지 못한 경우, 최대한 빨리 컴플레인 의사를 전달해 서 비스를 받는 것이 좋습니다. 객실 내 전화를 통해 서비스 데스크 또는 컨시어지로 연락을 취하세요. 중요한 사항을 사실관계 위주로 전달한 뒤 관리자가 피드백을 주도록 요청해 두면 더욱 좋겠죠.

09

Q : 아이 생일에 맞춰 호캉스를 가려 합니다. 사진 촬영을 해야 하는데 혹시 외부 사진작가가 방문하는 게 가능한가요?

A : 투숙객 이외의 손님이 잠시 객실에 머무는 건 통상적으로 용인되는 부분이었지만, 코로 나 이후에는 체크인 시 확인한 인원 외 타인이 객실에 입장하는 것을 원천적으로 불허하 고 있습니다. 방역 수칙에 준해 각각의 호텔마다 어떤 기준을 적용하는지 미리 확인하는 게 좋겠네요. 그 외에도 호텔 부대시설 같은 공용 공간에서는 다른 투숙객들의 편안한 휴 식을 방해하지 않도록 주의하는 게 좋겠죠?

10

Q : 아이와 여행 갈 때 풀빌라와 호텔 중 어디를 더 숙소로 추천하시나요?

A : 다양한 부대시설과 일정 수준 이상의 균질한 서비스를 원한다면 호텔, 가족만의 공간에 서 프라이빗한 시간을 보내고자 한다면 풀빌라를 선택하는 게 좋겠죠. 전적으로 취향의 문제지만, 저는 호텔을 조금 더 선호해요. 문제가 생겼을 때 대응도 빠르고 정확한 편이 기 때문이죠.

콘셉트별 베스트 호텔은 어디?

아이와 함께 즐길 수 있는 최고의 호텔은 어디일까? 베테랑 작가들이 뽑은 콘셉트별 베스트 호텔 3!

▎가성비 갑 호텔 3

1 노보텔 앰배서더 서울 동대문 호텔 & 레지던스(P.092)

2 롯데 시티 호텔 마포(P.102)

3 메이필드 호텔 서울(P.068)

1 포시즌스 호텔 서울(P.026)
2 시그니엘 부산(P.216)
3 반얀트리 클럽 앤 스파 서울(P.048)

▌수영장이 좋은 호텔 3

키즈 프로그램이 많은 호텔 3

1 롯데 호텔 제주(P.272) **2** 포시즌스 호텔 서울(P.026)
3 제주신화월드 호텔 & 리조트(P.262)

주변에 아이와 갈 곳이 많은 호텔 3

▌ 조식 뷔페가 맛있는 호텔 3(아이가 먹을 만한 메뉴가 많은 곳)

PART

1

서울

· · ·

서울 도심에서 만끽하는 격조 높은 하루

Four Seasons Hotel Seoul

포시즌스 호텔 서울

#광화문 #키즈프렌들리 #시티뷰 #럭셔리하면포시즌이지

내가 사는 도시로 떠나는 여행의 즐거움을 이야기하는 호텔이 있다. 대한민국의 수도 서울 한가운데에 자리 잡은 특1급 호텔, 바로 포시즌스 호텔 서울이다. 세종대로와 종로가 마주하는 광화문에 자리해 창 너머 남산과 경복궁의 호젓한 풍경이 파도처럼 흘러들고, 과거와 현재가 조우하는 독보적인 인테리어로 특별한 여행 기분을 자극하는 곳. 무엇보다 특1급 호텔 특유의 정성스럽고 세심한 서비스로 엄마, 아빠의 마음까지 움직여 이제는 '패밀리 프렌들리' 호텔로도 명성이 자자하다.

여행은 나의 일상과 맞닿은 아주 가까운 곳에서부터 시작된다는 작지만 당연한 사실에 공감하는 호캉스 여행자라면, 사랑하는 아이들과 함께 이 도시의 일상 풍경을 오롯이 만끽하고자 하는 가족 여행자라면 지금 서울 한가운데 포시즌스 호텔로 특별한 여행을 떠나보자.

INFO

성급	★★★★★
체크인·아웃	15:00/12:00
요금	₩350,000~
추천	0~3세
주소	서울시 종로구 새문안로 97
홈페이지	www.fourseasons.com/seoul
전화번호	02-6388-5000

Highlight

1: 넉넉한 공간이 선사하는 여유, 오롯한 휴식을 선사하는 넉넉한 객실

포시즌스 호텔에서의 여유로운 호캉스는 객실에서부터 시작된다. 도심의 다이내믹한 풍경을 마주한 317개의 객실. 그중 가장 기본이 되는 디럭스 룸의 면적이 41~45m²로, 국내 특급 호텔의 평균치를 훌쩍 뛰어넘는다. 공간이 넓은 만큼 편안하고 여유로운 투숙은 보장된 셈. 커다란 킹 베드는 물론이고, 3인조 소파와 비즈니스 데스크를 함께 놓아 더욱 편안한 시간을 선사한다. 여유로운 공간감을 자랑하는 욕실과 화장실은 별도 공간으로 분리되어 위생적이면서도 편리하다.

아이와 함께하는 하룻밤 호캉스를 위해 포시즌스 호텔을 선택한 당신. 오늘 밤, 넉넉한 객실에서 온전한 여유로움과 풍성한 휴식은 오롯이 당신의 것이 될 터다.

2 : 온 가족이 함께 즐기는 여유로운 해피아워,
유아 동반 이그제큐티브 클럽 라운지

클럽 룸과 몇몇 스위트 객실의 투숙객만을 위한 서비스 공간인 클럽 라운지. 정숙하고 차분한 분위기를 유지하기 위해 유아 출입을 불허하는 호텔이 점차 늘어나고 있는 가운데, 포시즌스 호텔은 여전히 유아를 동반한 투숙객에게도 문을 활짝 열어두고 있다.

클럽 라운지를 이용하게 되면 오후의 애프터눈 티, 와인과 다양한 핫밀을 즐길 수 있는 저녁의 해피아워, 가벼운 식사를 뷔페로 제공하는 조식 서비스까지 모두 경험할 수 있다는 것이 가장 큰 장점일 터. 투숙하는 내내 무엇을 먹고 마셔야 할지, 우리 아이에게 뭘 먹여야 할지, 끝도 없는 고민을 해야 하는

엄마와 아빠의 고민을 단번에 해결해주는 만큼, 포시즌스 호텔의 클럽 라운지는 더없이 소중하다 할 수 있으리라.

3 : 즐거움과 편안함, 레저와 웰니스,
그 모두를 가능하게 하는 3개의 풀

도심에 자리 잡은 호텔이어서 정원이나 산책로, 놀이터 같은 야외 부대시설을 찾기는 어렵겠지만, 그 모든 아쉬움을 날릴 만큼 근사한 실내 수영장이 당신을 기다린다. 아이와 함께 수영을 즐기기

에 딱 맞는 수온의 여유로운 메인 풀과 함께 체온을 유지하며 버블 마사지로 휴식을 즐길 수 있는 바이탈리티 풀, 또 유아도 안전하게 물놀이를 즐길 수 있는 플런지 풀까지. 즐거움과 편안함, 레저와 웰니스, 그 모든 것을 만끽할 수 있는 곳이 바로 포시즌스 호텔 서울의 수영장이다.

전면 창 너머로 서울의 빌딩 숲 풍경이 넘나드는 포시즌스 호텔의 수영장. 취향에 맞는 풀을 찾아 아이와 함께 근사한 시간을 만끽해보자.

Rooms & Amenities
넉넉함과 단아함, 그 속에서 만나는 서울 속 하룻밤

포시즌스 서울의 객실 안으로 발을 들이자. 품격과 편안함을 오롯이 갖춘 넓은 공간이 당신을 기다린다. 포시즌스 호텔 서울에는 6개 타입의 기본 객실과 5개 타입의 스위트를 포함해 317개 객실이 준비되어 있다. 그중 가장 많은 비중을 차지하는 기본 객실은 디럭스 룸(41~44m²)과 프리미어 룸(45~48m²)으로, 면적이 넓어 아이와 함께 묵는다 해도 여유를 느낄 수 있다. 무엇보다 최저층인 11층부터 최고층인 29층 사이 모든 층에 객실이 위치하므로, 조망을 중시한다면 높은 층을 요청해도 좋다. 한때 무료 서비스였지만, 지금은 유료(55,000원)로 제공하는 키즈 텐트는 프리미어 룸 이상 객실에서 이용 가능하다.

조금 여유로운 호캉스를 원한다면 56m²의 코너 프리미어 룸이나 75m²의 면적을 자랑하는 그랜드 패밀리 룸을 선택하는 것도 좋겠다. 넉넉한 공간과 함께 멋스러운 시티 뷰를 만끽할 수 있게 해주는 아일랜드 욕조가 구비되어 있어 포토제닉한 아이들의 목욕 장면을 사진으로 남길 수 있다. 물론 아이만 그 주인

공이 될 수는 없는 법. 한바탕 전쟁을 치른 덕분에 호텔에서도 고단할 수밖에 없는 '육퇴' 후 엄마들을 위한 반신욕도 놓칠 수 없으리라.

욕실용품은 스페인의 명품 코스메틱 브랜드 나투라 비세(Natura Bissé) 제품을, 아이들을 위한 어메니티로는 르 프티 프랭스(Le Petit Prince) 제품을 제공한다. 고급스러운 슬리퍼와 샤워 가운 등도 유아 전용으로 준비되며, 스테퍼나 안전 가드 등 아이들의 안전과 편안함을 위한 용품도 비교적 다양하게 구비했다. 럭셔리와 편안함이란 두 마리 토끼를 여기 포시즌스 호텔 서울이라면 모두 잡을 수 있을 것 같다.

Facilities

유아 동반 클럽 라운지와 키즈 라운지,
더없이 럭셔리한 수영장까지

5성급 럭셔리 호텔 중에서도 '톱 티어'로 꼽히는 포시즌스 호텔 서울. 그곳에서의 호캉스는 아직 시작도 하지 않았다. 품격 있고 여유로운 객실을 넘어 세심함이 깃든 고급스러운 부대시설은 온 가족에게 더없이 즐겁고 여유로운 시간을 선사할 것이다.

포시즌스 호텔이 '키즈 프렌들리' 호텔로 이름을 알리는 데는 28층의 유아 동반 이그제큐티브 클럽 라운지(06:30~22:00, 조식 06:30~10:30, 칵테일 아워 17:30~20:00)가 크게 한몫했다. 클럽 라운지를 보유한 동급 호텔 중 유아 동반 가능한 곳이 그만큼 드물기 때문. 편안한 체크인/아웃은 물론 가벼운 조식과 티타임, 샴페인과 함께 근사한 저녁 식사를 무료로 즐길 수 있다는 것은 클럽 룸의 장점이지만, 대부분 미성년자의 입장을 불허해 아이와 함께하는 호캉스족에게는 그림의 떡이었으니. 포시즌스의 유아 동반 클럽 라운지는 정말이지 놓칠 수 없는 매력 포인트 중 하나라고.

10층에 위치한 키즈 라운지(10:00~18:00)는 아이들과 함께하는 투숙객들에게는 가장 중요한 공간 중 한 곳. 레고 블록과 캠핑 기구, 인디언 텐트와 미끄럼틀 등을 구비해 다양한 연령대의 아이들이 함께 어울려져 시간을 보낼 수 있다. 한쪽에는 색칠 놀이를 할 수 있는 그림 종이와 색연필이 준비되어 있고, 아이들에게 먹일 수 있도록 주스와 쿠키 등 간단한 간식도 차려져 있다. 혹시 모를 사고에 대비해 아이들 한 명 한 명마다 이름표를 달아주는 세심함도 엿볼 수 있다.

3개의 풀이 있는 수영장(05:30~22:00, 성인 전용 20:00~22:00)은 포시즌스 호캉스의 꽃. 25m 레인의 메인 풀을 중심으로 버블 마사지와 워터 젯 샤워가 있는 바이탈리티 풀과 유아 전용 플런지 풀을 갖춰 다양한 즐거움을 맛볼 수 있다고. 수영장에 입장하자마자 빈 선베드를 안내해주고, 머리 받침까지 만들어주는 작지만 정성 어린 서비스는 포시즌스만의 독보적인 세심함을 잘 보여주는 또 하나의 포인트. 수영장 이용객을 위해 수경과 수모 등을 무료로 대여해준다.

3

Dining
더 마켓 키친부터 인룸 다이닝까지, 진짜 휴식을 완성하는 포시즌스의 다이닝

포시즌스 호텔 서울에서 훌륭한 하룻밤을 보냈다면, 다음 날 아침은 더 마켓 키친(조식 06:30~10:30)에 맡겨보는 것도 좋겠다. 정갈함으로는 어느 곳과 견주어도 모자람이 없을 훌륭한 아침 식사를 만끽할 수 있을 것이다. 음식 종류가 많지 않다고? 실망은 마시라. 저마다 소담스레 담긴 정갈함과 정성스러움이 이른 아침의 입맛을 한껏 북돋고도 남는다. 가짓수는 많아도 막상 손 가는 것은 없는 여느 조식 뷔페와는 비교하지 말기를. 이곳은 물량 공세로 승부하는 곳이 아니니까. 한식 요리와 밑반찬 등이 특히 훌륭하며, 공사 당시 현장에서 발굴된 유물과 유적을 투명한 유리 바닥 아래에 그대로 복원해둔 점은 꽤 흥미롭고 교육적이기까지 하다.

이탈리안 레스토랑 보칼리노, 광둥 레스토랑 유유안 등 훌륭한 다이닝 스폿이 있지만, 아이와 함께라면 그 모두가 그림의 떡. 편안하고 여유로운 저녁 시간을 염두에 두고 있다면, '가심비'를 충족시키고도 남을 포시즌스의 인룸 다이닝(00:00~24:00)을 선택해

보는 것도 좋을 것 같다. 특1급 호텔인 만큼 음식 가격이 저렴하다고 할 수는 없지만 양도 제법 푸짐하고 맛은 더욱 훌륭한 포시즌스의 음식을 편안하게 먹을 수 있다는 점이 인룸 다이닝의 독보적인 장점. 주문은 객실 내에 비치된 태블릿으로 가능하며, 시간에 맞춰 미리 주문해둘 수도 있다.

오직 포시즌스에만 있다!
독보적인 서비스로 무장한 하룻밤을 즐겨라!

포시즌스 호텔의 하드웨어에 감탄했다면 이제 소프트웨어에도 놀라보자. 진정한 강자는 보이지 않는 곳에서 차이를 드러내는 법. 비교할 수 없는 세심함으로 투숙객을 사로잡는 포시즌스만의 서비스를 하나씩 알아보자.

포시즌스 호텔의 독보적인 서비스는 호텔에 도착하는 순간부터 경험할 수 있다. 개인 차량을 이용하는 투숙객에게 상황에 따라 발렛파킹 서비스를 제공하는 것. 덕분에 몸도 마음도 가볍게 체크인을 할 수 있다. 데스크 직원은 예약 기록을 확인한 뒤, 아이를 위해 포시즌스의 마스코트와도 같은 한정판 불도그 인형을 건네줄 것이다. 당신 곁에 아이가 있다면 눈높이를 맞추고자 기꺼이 무릎을 내주는 그들이다. 시즌마다 색상과 무늬가 다른 인형을 제공해 모으는 재미도 톡톡하다고.

객실로 들어서면 서울 풍경이 넘실거리는 전면 창을 마주하게 될 터다. 미리 요청만 해두면 온갖 네온색 펜으로 쓰인 윈도 웰컴 메시지를 볼 수 있다. 별것 아

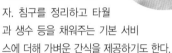

니지만 아이들의 만족도는 상당히 높은 편이라고. 특급 호텔 중에서도 일부 호텔 일부 객실에서만 제공하는 턴다운 서비스도 기억하자. 침구를 정리하고 타월과 생수 등을 채워주는 기본 서비스에 더해 가벼운 간식을 제공하기도 한다.

그 외에 딱히 '키즈 프렌들리' 호텔을 표방하지 않으면서도 유아 및 소아 동반 투숙객을 위해 그 어느 호텔보다도 많은 종류의 유아 전용 비품과 대여 물품을 구비했으며, 위탁 운영이기는 하지만 웬만한 호텔에서는 찾아보기 힘든 탁아 서비스(유료)까지 제공하는 것을 보면, 포시즌스 호텔 서울의 명성이 괜한 것은 아니리라는 생각이 들고도 남는다.

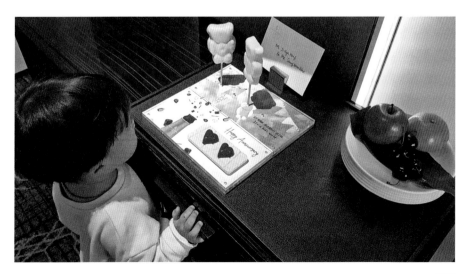

우리 가족의 크고 작은 이벤트와 함께한 포시즌스 서울. 비밀 이벤트를 펼칠 때마다 늘 오롯한 내 편이 되어 이벤트의 성공을 돕던 포시즌스의 사람들. 제가 포시즌스 호텔을 사랑하는 이유는 바로 그들 때문이에요.

아이와 함께한 두 번째 포시즌스 호캉스 첫 순간에 대한 기억이 선명합니다. 체크인하기 위해 클럽 라운지에 발을 딛자마자 기꺼이 무릎을 굽혀 아이와 눈높이를 맞춰주던 직원분. 잔뜩 긴장하던 아이도 그 맑은 미소 덕분에 이내 무장해제되었죠. 객실 복도에서 우연히 마주한 하우스 키퍼분들의 미소는 또 어떻고요. 저마다의 일에 열중하다가도 지나가는 아이를 향해 건네는 눈인사에는 더할 나위 없는 따뜻함이 담겨 있었습니다.

그래요, 화려한 공간과 최고의 시설을 갖췄음에도 그 무엇보다 먼저 그들의 따뜻한 환대가 생각나는 건, 어쩌면 당연한 일일 거예요. 그리고 오늘, 포시즌스 서울로의 또 다른 호캉스를 꿈꾸는 것 또한 바로 그 때문이겠죠.

추천 반나절 여행 코스

체크아웃 ➡ 서울역사박물관 ➡ 경희궁 ➡ 돈의문박물관마을

서울역사박물관

조선시대부터 현재까지, 도시 서울의 생활사를 전시하는 박물관으로 포시즌스 호텔 서울에서 새문안로를 따라 도보 5분 거리에 있다. 도시의 역사를 딱딱하게 소개하는 것이 아니라, 다양한 모형, 영상물, 디오라마 등 시각 자료를 통해 이야기하듯 소개해 어린아이들도 집중도가 높은 편. 도시모형영상관에서는 서울 전체를 1,500분의 1로 축소한 거대 모형을 만나볼 수 있다.

주소 서울시 종로구 새문안로 55 | **시간** 화~일요일 09:00~18:00 | **가격** 무료 | **홈페이지** museum. seoul.go.kr

경희궁

광해군 때인 1623년에 완공된 궁으로 경복궁, 창덕궁, 창경궁, 덕수궁과 더불어 조선의 5대 궁궐로 불린다. 조선 후기 서궐로 불릴 만큼 위계가 높은 궁이었으나 경복궁 중건 시 경희궁의 전각 대부분을 허물고 그 목재를 가져다 썼다. 지금은 몇몇 전각만 남아 있어 인지도가 낮고 찾는 이도 드물지만, 그 덕분에 고즈넉한 분위기를 물씬 느낄 수 있다. 바로 옆에 서울역사박물관이 자리 잡았는데, 이곳 또한 경희궁의 옛 궁궐 터였다고.

주소 서울시 종로구 새문안로 45 | **시간** 화~일요일 09:00~18:00 | **가격** 무료

돈의문박물관마을

서대문의 옛 이름인 돈의문 안쪽에 위치했던 옛 마을의 원형을 그대로 보존해 만든 박물관 거리이자 동네다. 원래 모든 구옥을 철거한 뒤 공원을 조성할 계획이었으나, 돈의문 첫 마을이라는 상징성을 고려해 옛 원형을 유지하게 된 것이라고. 마을마당을 중심으로 삼대가옥, 새문안극장, 돈의문역사관 등이 옹기종기 모여 있어 서울의 어제와 오늘을 마실 나선 듯 둘러볼 수 있다.

주소 서울시 종로구 송월길 14-3 | **시간** 화~일요일 10:00~19:00 | **가격** 무료 | **홈페이지** www. dmvillage.info

유명한 데는 다 이유가 있다!

Seoul Shilla Hotel

서울신라호텔

#럭셔리호캉스 #조식은더파크뷰 #수영은어번아일랜드 #남산타워보면서 #수영을해보자

HOTEL

서울신라호텔은 특별하다. 40년의 긴 역사, 순수 국내 호텔 체인, 그리고 예나 지금이나 명실상부 대한민국 최고의 호텔이라는 수식어까지. 신라호텔이 지닌 이 독보적인 커리어는 이제 특별함을 넘어 완벽함에 가 닿은 것처럼 느껴진다. 반세기가 다 되었어도 변함없이 완벽한 하드웨어부터 '역시 신라다'라는 감탄을 자아내는 따뜻하고 세심한 서비스에 이르기까지, 그 어떤 부분이든 흠잡을 데 없는 럭셔리 호캉스의 대명사. 이렇듯 모든 것을 갖춘 신라호텔로 아이와 함께 짧지만 특별한 여행을 떠나보자.

누군가는 말할지도 모른다. 거기는 '키즈 프렌들리' 호텔이 아니라고. 그러나 분명한 것은 그들만의 독보적인 서비스는 어떤 예외도 없이 모든 이를 향한다는 사실. 엄마, 아빠에게 최고라면 사랑스러운 우리 아이에게도 그렇지 않을까?

INFO

성급	★★★★★
체크인·아웃	14:00/11:00
요금	₩250,000~
추천	3~12세
주소	서울시 중구 동호로 249
홈페이지	www.shillahotels.com
전화번호	02-2233-3131

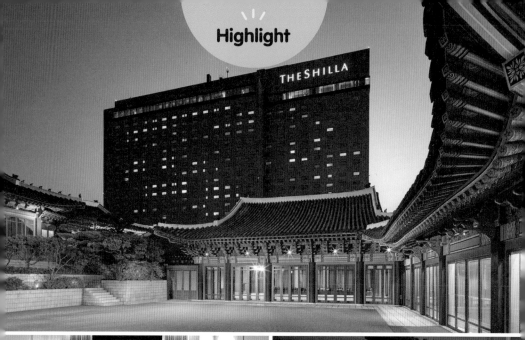

1: 화려함과 세심함, 그 모든 것을 갖춘 호텔 중의 호텔

가끔은 기대이하의 호텔을 마주하게 되는 것 같다. 하드웨어는 훌륭한데 서비스가 조금 부족한 호텔에서 씁쓸함을 경험한 적이 있다든가, 직원들의 진심 어린 서비스만큼은 만족스러우나 호텔 시설 곳곳에서 허전함을 느껴본 적이 한 번쯤은 있으리라. 그런 만큼 하드웨어

와 소프트웨어, 두 마리 토끼를 모두 잡은 호텔을 마주하기란 여간 어려운 일이 아니다.

하지만 이곳은 다르다. 하드웨어의 풍성함과 화려함, 그리고 세심한 소프트웨어까지 모두 갖춘 몇 안 되는 호텔 중 하나, 바로 서울신라호텔이다. 언제 어디에서든 기대 이상의 시설과 서비스를 제공하는 믿음직한 호텔을 선택하고 싶다면, 고민은 접어두자. 서울신라호텔이 그 답이다.

2 : 조식까지 특별하게,
국내 최고의 뷔페 레스토랑 더 파크뷰

어차피 먹어야 할 소식이라면, 대한민국 최고의 호텔 조식을 경험해보는 것도 좋겠다. 단언컨대 우리나라 호텔 뷔페 중 최고라 할 수 있으며, 한 끼 식사 자체가 하나의 이벤트가 되는 곳. 바로 서울신라호텔의 뷔페 레스토랑 더 파크뷰다. 이름처럼 호텔의 고즈넉한 정원을 바라보며 이른 아침 식사를 즐겨보자. 싱그러운 식재료와 다양한 베이커리는 기본, 정갈한 한식에 메뉴 하나하나 정성을 쏟아부은 다양한 핫 푸드까지. 모든 것이 완벽한 더 파크뷰에서 아이와 함께, 또 가족과 함께 근사한 아침을 만끽해보자. '대한민국 최고'라는 근사한 타이틀은 덤이다.

3 : 도심 한가운데서 즐기는 격이 다른 호캉스,
어번 아일랜드

서울신라호텔에서의 꿈 같은 호캉스 중 최고의 하이라이트는 단연 어번 아일랜드에서의 여유로운 한때이리라. 도심 한가운데에서 자연 그대로의 공기를 들이마시며 물 위를 유영하는 것은 아이에게도 엄마, 아빠에게도 그 무엇과 비할 바 없는 근사한 경험이 될 것이다. 사계절 온수 풀로 운영하는 메인 풀과 키즈 풀, 따뜻하게 몸을 녹일 수 있는 자쿠지, 고풍스러운 분위기로 무장한 휴식 공간이 한데 어우러져 더 없이 이국적인 풍경을 자아내는 어번 아일랜드. 거기에 혹하지 않을 자, 과연 누구일까.

Rooms & Amenities
품격이 느껴지는 서울신라호텔만의 객실

서울신라호텔의 객실에 발을 디디면 이유를 알 수 없
는 편안함과 안정감이 느껴진다. 묵직하고 중후한 멋
도 늘 그대로다. 세월이 고스란히 묻어나는 객실, 거기
서 느껴지는 것은 낡음이라기보다 품격이리라. 신라호
텔의 464개 객실은 본관동 7층부터 22층 사이에 자리
잡고 있다. 반은 영빈관이 내려다보이는 시티 뷰, 나
머지 반은 N서울타워와 야외 수영장이 내려다보이는
객실인데, 남산 자락의 높은 지대에 위치해 어떤 객실
에서나 훌륭한 조망을 기대할 수 있다.

객실은 크게 스탠다드, 이그제큐티브, 스위트 등 세
등급으로 나뉜다. 대부분의 투숙객이 선택하는 객실
은 스탠다드로, 세 타입의 디럭스 룸 중 고를 수 있
다. 가장 기본이 되는 객실은 디럭스(36m²) 룸으로 시
몬스 침대와 데스크가 놓인 침실, 그리고 여유로운
욕실로 구분된다. 욕실에는 좌변기와 샤워 부스가 별
도의 공간으로 구분되어 있고 넓은 욕조까지 갖춰 제
대로 호사를 누린다는 기분이 들게 한다. 이보다 한
단계 높은 비즈니스 디럭스(43m²) 룸은 소파가 놓인

여유 공간으로 한층 넉넉한 호캉스를 가능케 한다.
소파는 다소 사용감이 느껴지지만, 푹신함과 편안함
이 이루 말할 수 없을 정도라고.

그 외에도 이그제큐티브 등급 객실로 비즈니스 디럭
스(43m²) 룸과 그랜드 디럭스(53m²) 룸 중 선택할 수
도 있다. 서울신라호텔이 자랑하는 23층의 더 이그제
큐티브 라운지에 입장할 수 있는 혜택이 주어지지만,
13세 미만의 경우 출입이 불가하다는 것이 아이와 함
께하는 호캉스족에게 다소 아쉬운 점이리라.

욕실용품은 몽환적인 향을 풍기는 영국의 럭셔리 코
스메틱 브랜드 몰튼 브라운(Molton Brown) 제품을,
키즈 어메니티는 오스메 오가닉 베이비 & 키즈(Osme
Organic Baby & Kids) 제품을 제공한다. 오랜 역사에
도 수 차례 레노베이션을 거쳐 거의 최신식으로 유지
되는 객실의 기본 시설에 더해, 비교적 다양한 유아용
품을 구비해 아이와 함께하는 호캉스를 더욱 편안하
게 해주는 이곳. 최고는 역시 최고다!

Facilities

탄탄한 기본기로 투숙객의 마음을 사로잡는 부대시설

호캉스의 절대 강자 서울신라호텔. 여유와 품격이 넘치는 객실을 둘러보았다면, 이제 탄탄한 부대시설 차례다. 하룻밤을 오롯한 즐거움으로 채워줄 신라호텔의 다양한 공간을 하나씩 마주해보자.

호캉스를 위해 서울신라호텔을 찾은 수많은 여행자들. 모르긴 몰라도 그들 대부분은 야외 수영장 어번 아일랜드(동절기 10:00~20:00, 하절기 09:00~22:00)를 즐기기 위해 이곳을 선택했을 것이다. 남산의 초록이 이어지는 산자락, 경사를 따라 층층이 자리 잡은 이국적인 풀과 카바나, 호캉스도 여행이 될 수 있다 말하듯 설레는 기분을 끓어오르게 하는 독보적인 분위기까지. 당신이 어번 아일랜드에서 누릴 수 있는 것은 이렇듯 차고 넘친다. 메인 풀과 더불어 자리한 키즈 풀, 자쿠지 사이로 선베드와 카바나, 소파 등을 배치해 이용자들에게 휴식 공간을 제공한다. 사계절 온수 풀로 운영하지만 아이의 체온을 유지하기 위해 풀과 가까운 선베드를 배정받는 것이 좋은데, 그런 만큼 경쟁이 매우 치열하다고. 조식과 체크인 직후 최대한 빨리 어번 아일랜드에 입장해 좋은 선베드 자리를 차지하자. 어번 아일랜드는 생각보다 훨씬 넓으니까.

어번 아일랜드는 기본적으로 유료 시설이다. 대부분 숙박 요금에 이용권이 포함되어 있지만, 특가 상품은 입장 시간과 횟수에 제약이 있거나 입장 혜택이 아예 없는 경우도 있으니, 미리 확인하는 것이 좋다.

서울신라호텔에는 럭셔리한 실내 수영(06:00~22:00, 13세 미만은 주말 및 공휴일에만 이용 가능)도 있다. 길이 25m의 수영장 한쪽에는 천장까지 이어지는 돔형 유리창이 있는데, 이를 완전히 열면 어번 아일랜드와 연계된 근사한 반 외부 수영장으로 변모한다. 다만, 어번 아일랜드와는 별도로 운영하므로, 양쪽 수영장을 자유로이 오갈 수는 없다.

서울신라호텔은 방학이나 어린이날 등 가족 단위 투숙객이 많을 때 한시적으로 키즈 라운지를 운영한다. 최근에는 스위트룸을 개조해 새로 구성한 프라이빗 키즈 플레이 룸 패키지 등 관련 상품을 내놓고 있으니, 이를 선택하는 것도 좋으리라.

Check Point

3

Dining
더없이 완벽한 아침 식사를 누려보자! 더 파크뷰

돈 내고도 먹기 힘들다고 하는 곳이다. 크리스마스나 어버이날 같은 특별한 날은 물론, 주말에도 예약하지 않으면 입장하기 어렵다. 바로 서울신라호텔이 자랑하는 올 데이 다이닝 뷔페 레스토랑, 더 파크뷰(조식 06:00~10:00) 얘기다. 그런 곳이니 기회가 생겼을 때 경험해보는 게 답! 조식 포함 상품을 선택해 우리나라 최고라는 뷔페 레스토랑의 선물과도 같은 아침 식사를 맛보자.

다만 다이어트 중이라면 매우 곤란할 것 같다. 조식이라고 하기에는 과분할 정도로 다양한 수준급 음식이 당신의 미각을 만족시키고자 풍성히 차려질 것이므로. 정성을 다해 차려낸 음식은 하나하나 따질 것 없이 모두 훌륭하지만, 특히 베이커리, 중식, 누들과 라이브 섹션이 줄곧 좋은 평을 받고 있다. 그런 만큼 인기도 많으므로, 여유롭게 맛보려면 최대한 일찍 더 파크뷰를 찾는 것이 여러모로 유리하다.

객실에서 편안하게 즐기는 룸서비스도 경험해볼 만하다. 서울신라호텔이 내놓는 최고의 음식을 괜찮은 가격으로 만나볼 수 있는데, 수준급 다이닝 스폿으로 정평이 난 중식당 팔선과 일식당 아리아케의 메뉴도 룸서비스를 통해 편하게 맛볼 수 있다. 아이를 위한 메뉴도 다양하게 선보이며, 가성비도 훌륭한 편.

Check Point

4

Services & ETC
패키지도 세심하게, 독보적 콘셉트의 키즈 프렌들리 패키지

서울신라호텔의 키즈 라운지는 한시적으로만 운영된다. 하지만 실망은 마시라! 이를 대신해 전용 키즈 룸을 독점적으로 이용할 수 있는 프라이빗 키즈 플레이룸 패키지를 선보이고 있다. 편백나무 풀과 키즈 텐트, 이케아 주방 놀이 등으로 꾸민 키즈 룸을 남들과 공유하지 않고 단독으로 사용할 수 있어, 코로나 시기에 더욱 안전한 호캉스 프로그램으로 주목받는다. 그 외에도 신라호텔의 익스클루시브 굿즈나 객실 내 키즈 텐트를 제공하는 등 아이가 좋아할 만한 패키지

상품을 선보이니, 아이의 취향에 맞는 상품을 선택해 우리 가족만의 호캉스를 만들어보는 것도 쏠쏠한 즐거움이 될 것 같다.

백일도 채 안 된 우리 아이의 첫 호캉스 장소는 바로 서울신라호텔이었어요. 4월의 바람이 너무도 매서웠기에, 아쉽지만 어번 아일랜드는 10분 만에 포기했죠. 대신 아이는 자신만의 전용 수영장에서 제법 여유로운 호캉스를 즐길 수 있었어요. 아이에겐 넓고 호화로운 욕실과 대형 욕조가 50일 인생 최고의 워러파크였을 거예요.

하룻밤을 보내고 다시 아침이 되어 우리는 더 파크뷰로 향했습니다. 한 팀 한 팀, 객실 번호와 이름을 확인한 뒤 자리를 안내해주는 그들. 아이와 함께니 이곳이 편할 거라며 안내해준 저희 자리 옆에 또 다른 아이 동반 가족이 하나둘 자리를 잡았습니다.

맞아요, 그건 배려였어요. 음식과 가까우면서도 적당히 독립적인 공간. 내 아이가 혹시 소리를 지르지는 않을까, 늘 노심초사하는 엄마와 아빠를 위해 아이들과 함께한 가족을 한데 모아준 거죠. 아이는 늘 그렇듯 효자처럼 잘 잤습니다. 소리를 지르지도 않았죠. 그렇대도 그들의 센스 넘치는 배려가 바래지는 않을 것 같아요. 덕분에 우리도, 우리 옆 가족도 마음 편히 아침을 만끽했을 레죠.

PIC A PIC!

호캉스의 추억을 오래도록 간직해줄 포토 스폿을 모으고 모았다!
결국 남는 것은 사진뿐. 호캉스의 시간을 찍고 찍고 또 찍어보자.

📷 호텔만큼이나 유명한 로비 아트워크

서울신라호텔을 방문한 사람이라면 누구든 이 압도
적인 예술 작품 아래 멈춰 서서 사진을 남긴다. 직접
마주했을 때 느껴지는 아우라가 상상 이상이어서 자
신도 몰래 감탄과 함께 카메라를 꺼내게 된다고.
크리스마스 전후에는 이 작품 또한 색을 갈아입는다.
그 작은 차이를 발견하는 소소한 재미도 놓치지 말자.

📷 신라호텔을 한눈에 담자 로비 앞 분수대

로비 앞 대형 분수대에 서면 예스러운 소나무, 거대
한 기와지붕과 함께 서울신라호텔의 전경을 사진에
담을 수 있다. 호캉스 인증샷으로도 모자람이 없는
근사한 사진을 남겨보자.

Plus Tip : 이것도 놓치지 말자!

+ 주차장이 멀어도 너무 멀다! 무료 발렛 서비스가 가능한 카드를 최대한 활용하자

서울신라호텔은 남산 자락을 따라 주요 시설이 층층이 자리한다. 일반 투숙객 차량이 주차할 수 있는 구역은
그중에서도 가장 낮은 곳에 위치해서, 직접 주차한 후 로비까지 걸어 올라가는 것이 여간 힘든 일이 아니라고.
VISA, 마스터카드 등이 제공하는 프리미어 서비스를 이용하면 무료 발렛이 가능하니, 보유 카드 중 서비스 제공
이 가능한 카드가 있는지 미리 확인해보자.

도심 속 프라이빗 풀빌라

Banyan Tree Club & Spa Seoul

반얀트리 클럽 앤 스파 서울

#풀빌라 #프라이빗 #럭셔리호캉스

HOTEL

세계적으로 유명한 럭셔리 호텔 그룹인 반얀트리 호텔 앤 리조트의 첫 번째 도심형 리조트다. 타워 호텔을 리모델링해 오픈했으며 프라이빗 멤버스 클럽과 호텔을 동시에 운영한다. 6성급 호텔로 불릴 정도로 최상의 서비스를 제공하는 것으로 알려져 있다.

서울의 중심이라고 할 수 있는 남산에 위치한 덕분에 울창한 녹음에 둘러싸여 여유로운 휴양지 분위기를 풍긴다. 특히 호텔동 객실 내에 넉넉한 사이즈의 릴랙세이션(relaxation) 풀이 있어 프라이빗한 휴가를 원하는 가족들에게 최고의 환경을 제공한다. 실내 수영장과 피트니스 센터는 클럽 회원 전용 시설이지만 호텔에 투숙하는 동안 자유롭게 이용 가능하다. 객실 유리창을 통해 아름다운 남산의 사계절을 한눈에 바라볼 수 있다는 것도 반얀트리 클럽 앤 스파 서울의 큰 자랑 중 하나다.

INFO

성급	★★★★★
체크인·아웃	15:00/12:00
요금	₩550,000원~
추천	0~5세
주소	서울시 중구 장충단로 60
홈페이지	www.banyantreeclub.com
전화번호	02-2250-8000

1 : 프라이빗 수영장이 딸린 객실

호텔동 모든 객실에 딸린 넉넉한 릴랙세이션 풀은 누구에게도 방해받지 않고 여유롭게 물놀이를 할 수 있게 해준다. 침대에서 몇 발자국만 걸으면 금세 물속으로 들어갈 수 있다. 걸음마 실력보다 수영 실력이 더 좋은 어린아이에게도, 아침부터 저녁까지 물에서 나올 생각을 하지 않는 체력 넘치는 아이에게도 최고의 호캉스 장소가 되어줄 것이다.

2 : 서울에서 즐기는 동남아 바이브

오아시스 야외 수영장의 모습이 한 눈에 보이는 곳에 자리한 이국적인 카바나에서는 해외 반얀트리 리조트의 풀빌라 바이브를 온몸으로 느낄 수 있다. 우리 가족만을 위한 프라이빗 수영장은 물론이고 독립된 공간에서 여유로운 식사도 가능하다. 원한다면 오아시스 메인 풀과 키즈 풀을 자유롭게 오가며 시간을 보낼 수도 있다.

3 : 로맨틱 겨울 왕국 아이스링크

시원한 바람이 불어오는 가을을 지나 매서운 추위가 시작되면 새하얀 남산의 설경에 둘러싸인 아이스링크를 오픈한다. 총 길이 63m로 호텔 아이스링크 중에서는 최대 규모이며, 바로 옆에는 폭신한 눈 위를 달리는 눈썰매장도 활짝 열려 있다. 아이들과 색다른 추억을 만들기에 더없이 좋은 장소. 저녁에는 반짝거리는 조명까지 더해져 꿈꾸던 겨울 왕국이 눈앞에 펼쳐지는 듯한 느낌을 준다.

Rooms
유명 휴양지에 온 듯한 풀빌라 호텔

반얀트리 클럽 앤 스파 서울은 호텔동, 클럽동으로 나뉘며 총 50개의 객실과 스위트룸을 갖추었다. 가장 기본적인 룸은 클럽동에 위치한 반얀 룸이다. 아쉽게도 반얀 룸의 경우 반얀트리 클럽 앤 스파 서울의 큰 장점이라고 할 수 있는 릴랙세이션 풀이 없는 스튜디오 타입이다. 대신 널찍한 욕실 안에 욕조가 준비되어 있다. 전체적으로 나무를 많이 사용한 인테리어 덕분에 휴양지에 온 듯한 기분으로 휴식을 즐길 수 있다. 클럽동의 또 하나 단점은 남산 전망이 아니라는 점이다. 반얀트리 클럽 앤 스파 서울에서 숙박하겠다고 결정했다면 호텔동으로 예약하는 것을 추천한다.

즐거운 일을 하며 취하는 휴식이라는 뜻을 지닌 릴랙세이션 풀이 있는 남산 풀 디럭스 룸은 호텔동에서 가장 기본이 되는 객실이다. 한 층에 4개의 객실만 조성해 여유로운 휴식을 즐길 수 있다. 누구에게도 방해받지 않고 가족끼리만 사용할 수 있는 수영장이 딸린 구조로 어린아이와 함께 방문하기 좋은 풀빌라 숙소를 찾는 사람에게 적합하다. 욕실에는 습식 사우나 기능이 있는 샤워실도 갖추었다. 반얀트리 호텔 특유의 향과 분위기 덕분에 동남아의 럭셔리 리조트로 여행 온 듯한 느낌을 받을 수 있다.

객실 내 릴랙세이션 풀은 온도 조절 장치가 있어 여름에는 시원하게, 겨울에는 36.8~36.9℃에서 자동 조절된다. 다만 침대와 수영장이 같은 공간에 있는 구조로, 한여름에 방문한다면 다소 습기가 많다고 느껴질 수도 있다. 침실과 수영장이 분리된 구조를 원한다면 남산 풀 스위트 혹은 남산 풀 프리미어 스위트 객실을 선택하면 된다.

프레지덴셜 스위트 객실을 제외한 모든 객실의 기준 인원은 최대 3인으로, 어른 2인과 만 12세 미만 어린이 1인이 함께 투숙할 수 있다. 엑스트라 베드를 추가할 경우 1박당 66,000원의 비용을 내야 한다. 유아용 범퍼 침대와 안전 가드는 미리 요청할 경우 무료로 제공한다.

2

Facilities
도심 속 최고의 핫 플레이스, 야외 수영장 오아시스

높은 빌딩 숲 가운데 사막의 오아시스처럼 청량한 야외 수영장이 펼쳐져 있다. 반얀트리 리조트 그룹의 자연 친화적 이미지를 최대한 살린 인테리어로 편안하고 여유로운 분위기를 느낄 수 있다. 메인 풀과 함께 넉넉한 키즈 풀이 함께 마련되어 있으며, 따뜻한 물이 끊임없이 나오는 자쿠지도 있다. 메인 풀의 깊이는 약 1.3m로 중앙 제한선까지 아이들과 함께 입장할 수 있다. 제한선 바깥으로는 성인 전용 풀로 운영한다. 키즈 풀 옆에는 모래 놀이터와 물대포가 있어 아이들에게 다양한 즐거움을 선사한다. 메인 풀과 키즈 풀 모두 온수로 운영해 다소 쌀쌀한 날씨에도 무리 없이 야외 수영을 즐길 수 있다. 수영장 주변에 마련된 선베드는 무료로 운영한다.

반얀트리 클럽 앤 스파 서울의 야외 수영장 오아시스는 호텔 투숙객이라도 별도의 입장료가 추가된다. 어른 기준 90,000~140,000원이며 투숙객은 50% 할인받을 수 있다. 시즌에 따라 이용 시간과 요금이 조금씩 달라지는데, 정확한 가격은 홈페이지에서 확인할 수 있다. 호텔 야외 수영장 이용이 목적이라면 처음부터 야외 수영장 입장이 포함된 패키지 예약을 추천한다. 객실과 수영장 입장료를 따로 지불하는 것보다 비용을 절약할 수 있다.

클럽 회원과 투숙객, 카바나 이용객만 입장 가능하고 객실 수 자체가 많지 않아 성수기에도 비교적 여유롭게 시간을 보낼 수 있다. 야외 수영장 오픈일은 매년 조금씩 달라진다. 2021년 기준 5~10월에만 운영하며 겨울에는 스케이트와 눈썰매를 즐길 수 있는 아이스링크로 탈바꿈한다.

Facilities
온 가족이 함께 즐기는 실내 수영장

실내 수영장은 야외 수영장 오아시스와 다르게 호텔 투숙객에게 무료로 오픈한다. 3개의 레인이 있는 성인 풀, 아이들을 위한 유아 풀과 영아 풀, 편하게 쉴 수 있는 자쿠지까지, 총 4개의 공간으로 나누어져 있다. 덕분에 아이의 연령에 따라 자유롭게 이용할 수 있다.

성인 풀에서는 시간에 따라 수영 강습을 진행하기도 하고 레인이 구분되어 있어 어린아이들이 물놀이를 하기에 다소 힘들다. 유아 풀 혹은 영아 풀 이용을 추천한다. 매주 월 · 수 · 금요일 오전 10시에는 투숙객과 클럽 회원을 위한 무료 아쿠아로빅 클래스를 운영한다.

면적이 넓은 유아 풀은 수심 0.5m 정도이며 수심이 더 낮은 영아 풀도 함께 붙어 있다. 두 곳 모두 온수로 운영한다. 안전요원이 상주해 아이들이 보다 안심하고 물놀이를 즐길 수 있다. 수영장 주변에는 편하게 쉴 수 있는 테이블과 의자, 선베드 등도 비치되어 있다.

클럽동에 위치해 호텔동에서 실내 수영장까지 이동하는 것이 다소 번거로울 수 있지만, 탈의실과 샤워실, 로커 등을 이용할 수 있어 크게 불편하지 않다. 실내 수영장 입장 시 수영 모자를 반드시 착용해야 하므로 미리 준비하는 것을 추천한다.

위치 클럽동 로비층
운영 시간 06:00~21:00

4

건강을 생각하는 올 데이 다이닝 레스토랑
그라넘 다이닝 라운지

아침부터 저녁까지 다양한 메뉴를 제공하는 올 데이 다이닝 레스토랑이다. 아침 식사는 투숙객과 클럽 회원을 위한 세미 조식 뷔페로 운영한다. 북엇국, 전복죽, 미역국 등 메인 메뉴를 선택하고 샐러드와 한식 반찬, 연어 등이 마련된 뷔페를 이용할 수 있다. 라이브 스테이션에서는 오믈렛과 팬케이크, 와플 등을 제공한다. 메인 메뉴만으로도 든든한 아침 식사를 할 수 있지만 샐러드 바에 마련된 다양한 음식도 놓치지 말자. 메뉴 가짓수가 많은 편은 아니지만 샐러드와 빵, 과일까지 알차게 준비되어 있다. 조식은 룸서비스로 변경해 이용할 수도 있다.

점심시간에는 신선한 재료로 만든 다채로운 샐러드와 수프가 포함된 샐러드 바를 운영한다. 뷔페 메뉴가 부담스럽다면 샌드위치나 피자, 파스타 등 단품 주문도 가능하다. 그라넘 다이닝 라운지 오픈 키친에는 피자 전용 화덕을 구비해 이탈리아 정통 피자를 제공한다. 아이들 입맛에 맞춘 스파게티, 피자, 새우 볶음밥 등의 어린이 전용 메뉴도 있다.

저녁 식사는 코스 요리와 단품으로 구성된다. 애피타이저부터 수프, 채끝 등심구이 등 여섯 가지 메뉴로 이루어진 코스는 120,000원이며, 시즌에 따라 메뉴가 조금씩 변경된다. 자세한 메뉴는 홈페이지에서 확인할 수 있다. 한식 메뉴와 함께 팟타이, 쌀국수 등 동남아 요리도 다양하게 주문할 수 있다. 토마호크, 티본, 꽃등심 등의 스테이크도 훌륭하다.

위치 호텔동 1층
운영 시간 06:30~22:00/뷔페 : 월~금요일 06:30~10:30,
　　　　　 토·일요일 06:30~11:00/점심 샐러드 바 12:00~14:30
가격 아침 뷔페 : 어른 45,000원, 어린이 22,500원
　　　 점심 : 샐러드 바 55,000원, 단품 22,000원~
　　　 저녁 : 22,000원~

○ 아이와 함께 다녀오면 좋은 곳

✛ N서울타워

서울의 랜드마크이자 대표 관광 명소다. 초고속 엘
리베이터를 타고 전망대에 오르면 서울의 아름다
운 낮과 밤 풍경을 360도 파노라마 뷰로 내려다볼
수 있다. 원형 전망대를 천천히 걷다 보면 보는 방
향마다 각기 다른 서울의 명소를 확인할 수 있다.
서울의 역사와 다양한 이야기가 담긴 오디오 가이
드를 이용하는 것도 좋다. 전망대 기프트 숍에서
판매하는 엽서와 우표를 구입해 서로의 마음을 담
은 편지를 보내는 것도 특별한 추억이 되어줄 것이
다. 도보 혹은 버스를 이용해 이동할 수도 있지만
남산의 풍광을 오롯이 감상할 수 있는 케이블카 탑
승을 추천한다.

주소 서울시 용산구 남산공원길 105 | **전화** 02-3455-9277 | **시간** 월~금요일 12:00~21:00, 토·일요일·공휴일 11:00~21:00 | **가격** 어른 16,000원, 어린
이 11,000원, 36개월 미만 무료 | **홈페이지** www.seoultower.co.kr

✛ 국립중앙박물관 어린이박물관

어린이들이 눈으로 보고 손으로 만지며 가슴으로 느낄
수 있는 체험 박물관이다. 역사 속에서 찾아낸 중요한 발
견을 관찰하고 탐구할 수 있는 상설 전시실과 이색적인
주제의 특별 전시를 수시로 진행한다. 관람 시간과 입장
인원을 제한해 하루 5회 차로 운영하며 홈페이지를 통해
사전 예약 후 입장 가능하다. 만 5~8세 아이들을 주 대
상으로 하므로 10세 이상 아이들에게는 다소 시시하다고
느껴질 수도 있다. 초등학교 고학년 아이와 함께라면 국
립중앙박물관 방문을 추천한다.

주소 서울시 용산구 서빙고로 137 | **전화** 02-2077-9647 | **시간** 10:00~17:50, 예약 필수(1월 1일, 설날, 추석 휴무) | **가격** 무료 | **홈페이지** www.museum.
go.kr/site/child/home

쉴 틈 없는 즐거움을 누리고 싶다면!

Lotte Hotel World

롯데 호텔 월드

#4인가족 #롯데월드 #전격레노베이션

세계 최대 규모의 실내 놀이공원인 롯데월드 어드벤처, 아시아 최대 규모의 복합 쇼핑몰 롯데월드몰과 연결되어 있어 다양한 볼거리와 즐길 거리를 제공한다. 시작은 비즈니스 호텔이었지만 점차 가족과 함께 즐길 수 있는 프로그램을 추가하면서 가족 단위 방문객이 많아졌다. 롯데월드, 아쿠아리움, 키자니아 등의 티켓을 함께 묶은 합리적인 가격의 패키지 상품도 많다.

2021년부터 시작된 내부 레노베이션 덕분에 다소 올드했던 객실이 심플하고 모던한 콘셉트로 재탄생했다. 특히 가족 여행객을 위한 소파 베드 더블 룸을 비롯해 벙커 베드를 설치한 패밀리 룸, 안마 의자와 스타일러 등을 비치한 객실까지, 타 호텔과 차별화하기 위한 노력이 엿보인다. 아이들을 위한 캐릭터 룸도 갖추었다.

* 수영장, 골프 연습장, 사우나, 피트니스 리뉴얼 공사 중(2022년 3월 31일까지 예정)

INFO ———

성급	★★★★★
체크인·아웃	15:00 / 12:00
요금	₩230,000원~
추천	7~13세
주소	서울시 송파구 잠실동 올림픽로 240
홈페이지	www.lottehotel.com/world-hotel
전화번호	02-419-7000

1 : 아이들의 영원한 로망인 2층 침대가 놓인 벙커 베드 룸

33년 만에 내부 레노베이션을 진행한 후 오픈한 롯데 호텔 월드의 많은 객실 중 가족 여행객들이 주목해야 객실은 다름 아닌 주니어 스위트 벙커 베드 룸 이다. 넉넉한 사이즈의 더블 베드와 2층 침대가 함께 놓여 있다. 덕분에 엑스트 라 베드 추가 없이 4인 가족이 편하게 숙박할 수 있다.

2 : 천재 이발사 브레드의 프라이빗 바버샵

이발소 간판이 달린 객실 문을 열면 천재 이발사 브레드 아
저씨와 허당기 넘치는 조수 윌크, 시크한 직원 초코 등 〈브
레드 이발소〉 애니메이션에 등장하는 개성 만점 캐릭터
를 모두 만날 수 있다. 침대 시트와 욕실 어메니티는 물론
이고 폭신한 인형, 키즈 슬리퍼와 가운까지 아이들을 위한
세심한 배려가 엿보인다. 오직 내 아이를 위한 프라이빗 바
버샵에서 특별한 호캉스를 즐겨보자.

Check Point 1

Suite Room
4인 가족을 위해 최적화된 벙커 베드 룸

리조트나 콘도가 아닌 5성급 호텔에서 4인 가족이 한꺼번에 투숙할 수 있는 객실을 예약하기란 여간 어려운 일이 아니다. 아이가 어려 아기 침대를 대여한다면 크게 문제될 것이 없지만 초등학생 두 아이와 함께 투숙하려면 엄마, 아빠의 편안한 잠자리는 포기해야 한다. 물론 그렇다고 해서 방법이 아주 없는 것은 아니다. 롯데 호텔 월드의 주니어 스위트 패밀리 트리플 룸은 4인 가족의 편안한 투숙을 가능케 해준다. 거실과 분리된 침실에 들어서면 넉넉한 사이즈의 더블 베드와 2층 침대가 함께 놓여 있다. 각각의 침대는 롯데 호텔 자체 브랜드인 해온(he:on) 매트리스와 침구를 포함하고 있다. 거위털 100%의 베딩 시스템은 최상의 휴식과 숙면을 제공한다. 별도의 요금이나 엑스트라 베드 추가 없이 4인 가족을 위해 최적화된 객실이다.

석촌호수가 한눈에 내려다보이는 거실에는 넉넉한 소파와 테이블이 있어 가족과 함께 여유로운 시간을 보낼 수 있다. 욕실에는 4인 가족에 맞춘 어메니티를 구비했으며, 욕조 이용도 가능하다. 이색적인 벙커 베드가 있는 주니어 스위트 패밀리 트리플 룸은 전화 예약만 가능하며 객실 수가 많지 않다. 조금 서둘러 예약하는 것을 추천한다.

Rooms
심플 & 모던! 침내로 변신하는 소파 베드

롯데 호텔 월드에서 가장 기본이 되는 룸은 디럭스다. 룸에 놓인 침대 구성에 따라 다시 더블 룸, 트윈 룸, 패밀리 트윈 룸으로 나뉜다. 조금 특별한 점은 일부 더블 룸 객실에 침대로 변신 가능한 소파 베드가 비치되어 있다는 사실이다. 3인 가족이 소파 베드 더블 룸을 예약한다면 엑스트라 베드를 추가하지 않고 편하게 이용할 수 있다. 더블 베드와 싱글 베드를 함께 구성한 패밀리 트윈 룸을 선택하면 기본 디럭스 룸 가격에 50,000원의 추가 요금이 발생한다. 아이들을 위한 침대 가드는 미리 요청할 경우 무료로 제공된다.

객실에는 TV, 책상, 전화, 금고, 드라이기 등 기본적인 물품이 말끔하게 준비되어 있다. 욕실에는 기본 사이즈 욕조가 자리 잡고 있다. 일회용 칫솔을 포함해 치약, 면도기 등 샤워용품도 있다. 1박 기준으로 생수 2병을 무료로 제공하며, 요청 시 메모리폼 베개나 메밀 베개 등 기능성 베개를 제공한다. 초고속 인터넷 사용 또한 무료다. 타워 호수 뷰를 원하는 경우

호텔에 미리 전화로 요청해야 하며, 30,000원의 요금이 추가된다.

2021년부터 일부 객실을 시작으로 전체적인 리모델링을 진행 중이다. 이미 19~31층 객실과 클럽 라운지가 새 옷으로 갈아입었다. 세월의 흔적을 말끔하게 정리한 심플하고 모던한 객실을 만나볼 수 있다.

Dining

푸드 트레인 콘셉트의 오픈 키친 라세느 레스토랑

한식은 물론이고 일식, 중식, 양식, 디저트 등 무려 9개의 테마로 구성된 뷔페 레스토랑이다. 여러 개의 객차가 연결된 것처럼 동선을 따라 걷다 보면 음식이 등장하는 푸드 트레인 콘셉트로 구성했다.

아침 식사부터 점심, 저녁까지 올 데이 뷔페로 운영하며 메뉴도 가격도 조금씩 다르다. 아침에는 스콘, 크루아상, 베이글 등 유명 베이커리에 온 듯 다채로운 빵이 주인을 기다린다. 셰프가 즉석에서 만들어주는 달걀 요리와 국수도 마음껏 맛볼 수 있다. 아침을 기운차게 시작할 에너지를 주는 밥과 국, 고기와 밑반찬 등 한식 메뉴도 충실하다.

점심과 저녁에는 해산물과 고기 요리, 샐러드와 디저트 등 150여 가지 메뉴를 모두 맛볼 수 있다. 양갈비와 랍스터, 신선한 회 등의 시그니처 메뉴는 기본이고 계절마다 구성을 조금씩 바꾸어 다채로운 메뉴를 선보인다. 신선한 제철 음식과 세계 각국의 이색 요리를 고루 제공한다는 것도 라세느 레스토랑의 특징이다. 호텔 투숙객이라면 요금을 할인받을 수 있다.

• 위치
호텔 2층

• 운영 시간
월~금요일 | 아침 07:00~10:00, 점심 12:00~15:00, 저녁 18:00~21:30
토·일요일·공휴일
아침 07:00~10:00/점심 1부 11:30~13:20, 2부 13:50~15:40/저녁 1부 17:30~19:30, 2부 20:00~22:00

• 가격
월~금요일
아침 : 어른 48,000원, 어린이 28,000원
점심 : 어른 95,000원, 어린이 58,000원
저녁 : 어른 115,000원, 어린이 58,000원
토·일요일·공휴일
아침 : 어른 48,000원, 어린이 28,000원
점심, 저녁 : 어른 115,000원, 어린이 58,000원
* 어린이 : 49개월~초등학교 6학년

Facilities
맑고 깨끗한 수질을 자랑하는 실내 수영장

사우나와 피트니스, 수영장을 통합해 운영하는 5층 피트니스 클럽은 객실 번호로 체크인한 후 입장할 수 있다. 호텔 투숙객이라면 사우나, 수영장, 피트니스 모두 무료로 이용할 수 있다. 사우나에서 가벼운 샤워 후 입장하면 된다.

롯데 월드 호텔 수영장은 물을 계속 흘려보내는 오버플로(overflow) 방식의 특수 필터 여과 시스템으로 수질을 관리해 아이와 안심하고 물놀이를 즐길 수 있다. 메인 풀은 약 20m 길이로 그리 큰 규모는 아니다. 하지만 층고가 높고 천장이 유리로 이루어져 넓은 개방감을 자랑한다. 수영장 깊이는 1.2~1.6m로 다소 깊은 편이다. 16세 이하 유아 및 어린이는 보호자와 함께 입장해야 한다. 어린아이와 함께 이용할 경우엔 구명조끼 혹은 튜브를 미리 준비하는 것이 좋다. 대형 튜브만 아니라면 자유롭게 튜브를 반입할 수 있다. 수영 모자 착용도 필수인데, 미리 준비하지 못했다면 무료로 대여할 수 있다.

• 위치
호텔 5층

• 운영 시간
06:00~22:00(마지막 주 월요일 휴무)

* 수영장, 골프 연습장, 사우나, 피트니스 리뉴얼 공사 중(2022년 3월 31일까지 예정)

채소와 과일을 먹지 않겠다는 아이를 위해 오랜만에 실력을 발휘해보았어요. 신선한 샐러드로 듬성듬성 머리카락을 만들고 파인애플로 눈썹을, 달콤한 오렌지로 활짝 웃는 입을 표현했답니다. 바나나와 올리브로 섬세한 눈동자 표현까지. 귀여운 세모 모양 코는 소시지로 마무리했더니 아이가 정말 맛있게 먹더라고요. 먹는 것 가지고 장난치면 안 된다고 하지만, 깔끔하게 다 먹었으니 괜찮은 거겠죠?

호텔에 가면 늘 테이블 위에 작은 메모지와 볼펜이 놓여 있었어요. 아이가 서너 살 때는 메모지에 알 수 없는 그림을 그려댔고 여섯 살 무렵에는 삐뚤빼뚤 자기 이름을 쓰기도 했죠. 아이러니하게도 아이가 글씨를 아주 잘 쓰게 된 다음부터 작은 메모지에 아무것도 쓰지 않더라고요. 그런데 이번에는 문득 제가 새하얀 메모지에 무언가를 쓰고 싶어졌어요. '민아의 베스트 프렌드가 되고픈 엄마'라는 문장으로 끝나는 편지 말이에요.

PIC A PIC!

호캉스의 추억을 오래도록 간직해줄 포토 스폿을 모으고 모았다!
결국 남는 것은 사진뿐. 호캉스의 시간을 찍고 찍고 또 찍어보자.

📷 무지개 여신과 함께 호텔 메인로비

1층에서부터 3층까지 이어지는 나선형 계단과 햇살이 가득 들어오는 유리 천장. 덕분에 롯데 호텔 월드 로비는 멋진 기념사진을 담을 수 있는 더할 나위 없이 좋은 공간이 되어준다. 화려한 나선형 계단 꼭대기에는 그리스 신화에 등장하는 무지개의 여신 이리스상이 서 있다.

Plus Tip : 이것도 놓치지 말자!

+ 엄마, 아빠를 위한 달콤한 휴식, 클럽 라운지

롯데 호텔 월드 클럽 플로어 룸에 숙박하는 고객을 위한 라운지다. 최근 레노베이션을 거쳐 모던하고 안락한 느낌으로 새롭게 오픈했다. 40여 종의 다양한 메뉴를 제공하는 조식 뷔페, 간단한 핑거 푸드와 디저트를 제공하는 애프터눈 티, 주류와 다채로운 요리를 제공하는 해피아워까지, 시간대별로 여러 서비스를 선보인다. 한 가지 아쉬운 점은 13세 이하 어린이는 라운지 입장이 불가능하다는 것이다. 아이와 함께 숙박하는 경우 부모가 한 명씩 번갈아가며 이용하면 된다.

위치 호텔 28층
운영 시간
조식 뷔페 : 07:00~08:20, 08:40~10:00

애프터눈 티 : 14:00~16:00
해피아워 : 17:30~18:30, 18:45~19:45, 20:00~21:00

HOTEL

5월(May)의 정원(field)이라는 로맨틱한 이름을 지닌 호텔로 입구로 들어선 순간 비밀스러운 숲속으로 여행을 떠나온 듯한 느낌을 받을 수 있다. 호텔 본관과 연회장. 레스토랑 등의 건물은 오랜 세월 한자리에서 뿌리내려온 나무들을 베어내거나 해치지 않고 자연과 조화를 이루는 위치에 서 있다. 덕분에 자연 그대로의 아름다운 모습을 간직하고 있다는 것이 메이필드 호텔 서울의 큰 장점이다. 넓은 정원 가득 각기 다른 꽃과 나무가 자라 사계절 아름다운 풍경을 만끽할 수 있으며, 아이들과 마음껏 뛰어놀 수 있는 넓은 정원 덕분에 가족 투숙객에게 특히 인기 높다.

로보카폴리로 가득한 캐릭터 객실은 물론이고 자동차 침대가 놓인 키즈 라이더 룸, 유명 가구 브랜드와 컬래버레이션해 조성한 다채로운 콘셉트 객실도 있다. 야외 수영장 부럽지 않은 시설과 규모의 실내 수영장에서 갈고닦은 수영 실력을 뽐내는 것도 잊지 말자.

INFO

성급	★★★★★
체크인·아웃	15:00 / 11:00
요금	₩120,000~
추천	0〜7세
주소	서울시 강서구 방화대로 94
홈페이지	www.mayfield.co.kr
전화번호	02-2660-9000

호캉스를 넘어서 키캉스로!

Mayfield Hotel Seoul

메이필드 호텔 서울

#야외정원포토존 #키캉스 #로보카폴리룸

1 : 폴리와 엠버가 기다리는 로보카폴리 키즈 룸

용감한 경찰차 폴리, 힘센 소방차 로이, 영리한 구급차 엠버와 재빠른 헬리콥터 헬리가 총출동해 아이들의 시선을 한번에 사로잡는다. 객실 내에는 아이들이 직접 타볼 수 있는 폴리 혹은 엠버 자동차가 마련되어 있으며 로보카폴리 주인공들과 멋진 기념사진을 남길 수 있는 포토 존도 있다.

2 : 일룸의 유명 가구로 채운 감성적인 인테리어 객실

패밀리 침대인 쿠시노, 피넛 모양의 딩클팝 책상, 귀여운 동물 모양 아코 소파 등 일룸의 베스트 가구로 인테리어를 완성한 에디 키즈 룸은 호텔 객실이라는 느낌보다는 우리 집 같은 편안함이 가득하다. 평소 일룸 가구를 눈여겨보고 있었다면 1박 2일 호캉스를 즐기며 마음 편하게 직접 체험해보는 특별한 기회가 될 수도 있겠다.

3 : 청정 인공 해수를 이용한 자연 친화적 수영장

커다란 창으로 가득 들어오는 햇살과 초록빛 나무로 촘촘하게 채운 실내 수영장은 타 호텔 야외 수영장 부럽지 않은 시설과 규모를 갖추었다. 메인 풀은 인체 염도와 동일한 청정 인공 해수를 채택해 자연에 가까운 수질을 유지한다. 돌고래 미끄럼틀이 있는 유아 풀을 갖추었으며 여름 성수기엔 야외 덱을 활용한 야외 유아 풀도 운영한다.

4 : 아름다운 자연과 함께 걷는 산책로

울창한 수목과 70여 종의 다채로운 꽃으로 가득한 야외 정원에는 자연을 벗 삼아 걸을 수 있는 산책로가 조성되어 있다. 향기로운 꽃이 피어나는 봄, 초록의 싱그러움이 가득한 여름, 화려한 단풍으로 물드는 가을, 새하얀 겨울 왕국으로 변신하는 겨울까지, 계절마다 각기 다른 풍경을 마주할 수 있다. 하루 두 번 울리는 벨타워의 '메이필드 종' 소리를 들으며 여유롭게 산책을 즐겨보자.

Kids Room
로보카폴리와 떠나는 모험

"출동이다~!"로 시작하는 용감한 구조대 로보카폴리의 주제가를 모르는 아이는 찾아보기 힘들 것이다. 벽지는 물론이고 침구와 포토 존까지 전 세계 어린이들의 마음을 사로잡은 슈퍼히어로 로보카폴리의 주인공으로 가득한 객실에 들어서는 순간 자연스럽게 폴리, 엠버, 로이, 헬리와 함께하는 특별한 하루가 시작된다.

로보카폴리 키즈 룸은 교통 안전을 책임지는 경찰차 폴리 룸과 지혜롭고 똑똑한 구급차 엠버 룸, 두 가지 타입 중 선택할 수 있다. 두 캐릭터 모두 우열을 가리기 힘들 정도로 인기 있어 어느 타입을 선택할지 크게 고민할 필요는 없을 듯하다. 폴리 룸에는 폴리 자동차 장난감이, 엠버 룸에는 엠버 자동차 장난감이 비치되어 있다는 것만 다를 뿐 인테리어는 거의 비슷하다는 것도 그 이유 중 하나다. 진드기 방지 베개, 모찌 쿠션, 극세사 담요 등 로보카폴리의 개별 캐릭터가 그려진 다양한 소품 역시 아이들의 마음을 사로잡기에 충분하다.

로보카폴리 디럭스 룸 1박과 캐슬 테라스 조식 뷔페 3인, 로보카폴리 스페셜 장난감이 포함된 패키지 형태로 예약할 수 있다. 더블 베드와 싱글 베드가 함께 놓여 있어 기준 인원은 3명이지만 엑스트라 베드를 추가해 최대 4인이 함께 투숙할 수 있다. 엑스트라 베드 추가 비용은 48,400원이다.

Rooms
뉴넹 가구 브랜드와 컬래버레이션해 꾸민 디자인 객실

침대와 TV, 책상 등으로만 구성된 평범한 호텔 객실이 아쉬웠다면 메이필드 호텔 서울의 디자인 객실에 주목하자. '아이들이 꿈꾸는 아늑한 공간'이라는 콘셉트로 꾸민 에디 키즈 룸은 감각적이고 실용적인 가구 브랜드인 일룸의 베스트 제품으로 가득하다. 온 가족이 누워도 넉넉한 쿠시노 패밀리 침대, 귀여운 피넛 모양의 팅클팝 좌식 책상, 슬라이딩 책장과 리딩 하우스까지, 일반적인 호텔 객실과는 차별화된 매력이 가득하다. 침실에는 TV 대신 동화책과 장난감이 비치되어 있으며, 아이를 위한 놀이 공간도 여유롭다. 다른 객실과 차별화된 인테리어 소품과 일룸 가구 덕분에 내 집처럼 편안한 분위기에서 호캉스를 즐길 수 있다.

거실과 침실이 분리된 구조로 거실에는 편안한 소파, TV, 세탁기와 미니 주방이 있다. 덕분에 혹여 침실에서 자고 있는 아이가 깰까 TV 볼륨을 조절할 필요가 없다는 점도 에디 키즈 룸의 큰 장점이다. 낮에는 아이와 충분히 시간을 보내고, 늦은 밤에는 야식을 먹으며 부부만의 편안한 시간을 보낼 수 있다.

욕실에는 세면대를 사이에 두고 화장실과 욕조가 구분되어 있다. 샴푸, 컨디셔너, 비누 등은 준비되어 있지만 칫솔과 치약, 면도기 등 일회용품은 준비해 가야 한다. 아이들을 위한 어메니티가 없다는 점은 조금 아쉽다.

레스토랑 할인, 조식 뷔페 제공 등 다양한 부가 서비스를 추가한 패키지로 구성되어 있으며, 시즌에 따라 제공하는 혜택이 조금씩 달라진다. 호텔 공식 홈페이지를 수시로 체크해보는 것을 추천한다.

3

Facilities
야외 수영장 부럽지 않은 규모와 시설의 실내 수영장

길이 25m, 폭 8m의 메인 풀과 아담한 테라피 풀, 수심 80cm의 유아 풀까지 총 3개의 풀을 상시 운영한다. 여기에 더해 여름 성수기에는 야외 유아 풀을 오픈한다. 수영장 주변에 놓인 선베드는 자유롭게 이용할 수 있으며 타월 역시 무료로 이용 가능하다. 입수 시에는 수영모를 반드시 착용해야 한다.

메인 풀은 청정 인공 해수를 이용해 자연에 가까운 수질을 유지하며 활성탄 필터 순환 방식으로 물을 관리한다. 총 4개 라인으로 구분되어 있는데, 그중 2개는 회원 전용으로 투숙객들은 나머지 2개 라인을 이용할 수 있다. 튜브를 포함한 물놀이 기구는 반입할 수 없으며, 만 13세 미만 어린이는 보호자 동반 입장이 필수다.

유아 전용 풀은 28~29℃를 유지하며 돌고래 모양의 워터 슬라이드가 설치되어 있다. 튜브와 물놀이용품은 유아 풀에서만 이용할 수 있다.

운영 시간
06:00~21:30(둘째·넷째 주 월요일 휴무)

Services & ETC
로맨틱한 5월의 정원

초록의 나무가 길을 안내하는 호텔 입구에 들어서면 복잡한 도심과는 전혀 다른 분위기를 풍기는 비밀 정원이 등장한다. 장미와 국화 등 70여 종의 야생화가 피어나는 봄, 초록 나무들이 풍성하게 우거지는 여름, 고운 빛깔로 자연스레 옷을 갈아입는 가을과 하얀 눈꽃으로 뒤덮이는 겨울까지. 약 99,170㎡(3만 평)가 넘는 호텔 부지 곳곳에서 계절마다 아름다운 풍경이 펼쳐진다. 아이들에게는 이 넓은 정원에서 그 누구의 눈치도 보지 않고 마음껏 뛰어놀 수 있다는 것만으로 완벽한 호캉스가 되어줄 것이다.

벨타워 가든은 넓은 잔디광장 뒤로 우뚝 서 있는 유럽 스타일의 종탑 덕분에 이국적인 분위기를 자아낸다. 주말이면 산책로를 버진 로드 삼아 야외 결혼식을 올리는 커플이 많다. 아이와 함께 방문한다면 평소 접하지 못했던 다양한 꽃과 나무를 보고 산책하며 특별한 시간을 보낼 수 있다.

빨간 벽돌을 켜켜이 쌓아 지은 본관 뒤쪽의 아트리움은 이국적인 조각상과 분수 덕분에 유럽 대저택에 들어와 있는 듯한 느낌을 준다. 맑은 날에는 야외 좌석에 앉아 여유롭게 브런치를 즐겨보는 것도 좋다.

그리 좋은 실력은 아니지만 저는 사진 찍는 것을 참 좋아해요. 아이가 커가는 것이 못내 아쉬울 때마다 서랍장에 고이 모셔두었던 오래된 외장하드를 몇 개 꺼내 추억 여행을 떠나는 것도 제 오랜 취미 중 하나랍니다. 메이필드 호텔에서 쌓은 추억을 떠올리며 열어본 어느 가을날의 사진 속 아이는 야외 정원에서 마음껏 뛰놀며 작고 가느다란 손을 연신 흔들고 있었어요. 아파트에서 나고 자란 아이는 마음껏 뛰어놀 수 있는 이 잔디 마당을 무척 좋아했답니다.

도쿄 올림픽 배구 팀의 4강 진출로 온 나라가 떠들썩했던 어느 날로 기억해요. 체크인 시 받은 비치볼을 배구공 삼아 아이와 배구 경기를 즐겼답니다. 따로 가르쳐준 적도 없는데 TV에서 본 선수들의 모습을 기억했다가 서브를 하기도 하고 스파이크 기술을 선보이기도 하더라고요. 아 참! 메이필드 호텔은 실내 수영장 내부에서는 비치볼 사용이 금지되어 있지만, 야외 유아 풀에서는 자유롭게 사용 가능하답니다.

레드 카펫이 깔린 아트리움의 야외 복도는 웨딩 촬영
이나 돌 스냅 촬영지로 인기 있는 메인 포토 존 중 한
곳이에요. 아치형 기둥과 멋스러운 벽 등이 이어져 유
럽의 고성 같은 느낌이 들기도 하거든요. 하지만 아이
가 예쁜 사진을 남겨주고 싶은 엄마의 마음을 몰라주
고 신나게 뛰어놀기만 하는 바람에 제 카메라 메모
리에는 아이의 뒷모습만 잔뜩 남았어요. 연신 신나게
웃으며 뛰어다니는 아이의 해맑은 웃음은 카메라 대
신 제 두 눈에 가득 담아두었어요.

아이와 에디 키즈 객실에 들어선 순간 가장 눈에 띈 가구는 패밀리 침대도 리딩 하우스도 아닌 귀여
운 토끼 모양 아쿄 소파였어요. 아이가 어릴 때부터 무척이나 갖고 싶어 하던 소파지만 여러 이유로
사지 못해 아쉬워했던 터라 호텔 객실에서 발견하고 어찌나 반갑던지. 이미 훌쩍 커버린 아이에게
는 다소 작아 보이는 듯하지만 꿋꿋하게 소파에 앉더니 결국 얼마 안 가 거실에 놓인 푹신한 소파에
자리를 잡더라고요. 이제 아쿄 소파에 대한 미련이 없어진 것 같아서 다행이었어요.

PIC A PIC!

호캉스의 추억을 오래도록 간직해줄 포토 스폿을 모으고 모았다!
결국 남는 것은 사진뿐. 호캉스의 시간을 찍고 찍고 또 찍어보자.

📷 꽃과 나무가 가득한 **벨타워 가든**

넓은 잔디가 깔린 정원으로 아이들이 마음껏 뛰어
노는 모습을 자연스럽게 담을 수 있다. 봄, 여름, 가
을, 겨울에 각기 다른 분위기를 느낄 수 있다는 것
도 벨타워 가든의 장점이다. 가든 중앙에 서서 메이
필드 호텔 서울의 심벌인 이국적인 종탑을 배경으
로 기념사진을 남겨보는 것을 추천한다.

📷 유러피언 스타일의 야외 광장 **아트리움**

호텔 본관과 연회장 사이에 위치한 커다란 광장이
다. 이국적인 분위기를 풍기는 건물들이 광장을 둘
러싸고 서 있어 유럽의 고성에 온 듯한 느낌을 준
다. 특히 나란히 줄지어 선 아치형 장식과 레드 카
펫이 깔린 아트리움 야외 복도는 이곳에서 빼놓으
면 안 되는 포토 존이다. 돌 스냅 촬영지나 웨딩 촬
영지로도 인기 있다.

Plus Tip : 이것도 놓치지 말자!

+ 아이들의 꿈을 응원하는 키즈 콘셉트 룸

프리미엄 키즈 가구 브랜드 띠띠(TTITTI)의 자동차
침대로 꾸민 이색적인 키즈 룸으로 레이서 유니폼
과 모자를 구비해 아이가 직접 카레이서가 되어보
는 색다른 경험을 할 수 있다. 자동차 침대에 시동
을 걸면 헤드라이트가 켜지며 경쾌한 엔진 소리가
흘러나온다. 객실 수가 많지 않아 투숙을 원한다면
서둘러 예약해야 한다. 투숙 인원은 3인 기준으로
조식 뷔페가 포함된 패키지도 있다.

+ 호텔에서 즐기는 세계의 맛

커다란 유리창 너머 아름다운 야외 정원이 펼쳐지
는 뷔페 레스토랑 캐슬 테라스, 웰빙 트렌드에 맞
춘 담백한 중식 메뉴를 선보이는 이원, 전국 팔도
의 귀한 식재료를 활용한 한국 고유의 요리를 즐길
수 있는 한정식 전문점 봉래헌, 지중해식 이탈리안
코스 요리와 다양한 와인을 즐길 수 있는 라페스타
등 세계 각국의 다양한 음식을 선보이는 일곱 곳의
레스토랑이 자리한다.

전 객실이 스위트룸! 국내에서 처음 선보이는 하이엔드 레지던스 호텔

Grand Mercure Ambassador Hotel and Residences Seoul Yongsan

그랜드 머큐어 앰배서더 호텔 앤 레지던스 서울 용산

#전객실스위트 #주방완비 #클럽라운지어린이입장가능

SEOUL DRAG

HOTEL

거대한 'ㄹ' 자가 옆으로 누워 한강을 바라보고 있는 모습의 서울드래곤시티는 한강을 따라 헤엄치는 듯한 용의 모습을 형상화해서 조성되었다. 그랜드 머큐어 앰배서더 호텔 앤 레지던스 서울 용산을 포함해 총 4개의 호텔 브랜드가 모인 국내 최초 호텔 플렉스로, 비즈니스부터 호캉스까지 투숙 목적에 따라 원하는 호텔을 선택할 수 있다. 그중에서도 전 객실에 주방 시설을 갖춘 그랜드 머큐어 앰배서더 호텔 앤 레지던스 서울 용산은 아이와 함께 호캉스를 즐기고 싶은 가족을 위한 최선의 선택이 되어줄 것이다.

서울드래곤시티 곳곳에는 호캉스의 본래 목적과 딱 맞도록 아이와 함께 즐길 거리가 가득하다. 여름에는 아이들을 위한 프로그램을 운영한다. 대형 쇼핑몰인 아이파크몰과 연결되어 있어 가족과 함께 쇼핑을 즐기거나 온 가족이 영화를 감상하는 것도 추천한다. 호텔 주변에 다양한 볼거리가 있다는 것도 그랜드 머큐어 앰배서더 호텔 앤 레지던스 서울 용산의 큰 장점이다.

INFO

성급	★★★★★
체크인·아웃	15:00 / 12:00
요금	₩200,000원~
추천	5~13세
주소	서울시 용산구 청파로20길 95
홈페이지	www.ambatel.com/ grandmercure/yongsan/ko/ main.do
전화번호	02-2223-7500

1 : 국내에서 처음 선보이는 하이엔드 레지던스 호텔

모든 객실이 스위트인 것도 모자라 완벽한 주방 시설을 갖추었다. 덕분에 아이가 먹을 이유식을 데우거나 가벼운 야식을 준비하는 것도 가능하다. 수시로 더러워지는 아이의 옷이나 젖은 수영복을 세탁할 수 있는 세탁기도 구비했다.

2 : 아이와 함께 출입 가능한 이그제큐티브 라운지

조식 시간에는 기본이고 티 브레이그, 주류
를 무제한 제공하는 해피아워에도 아이와
동반 입장 가능하다. 아이 입장이 제한되
는 대부분의 국내 특급 호텔과 차
별화된 그랜드 머큐어 앰배서더
호텔 앤 레지던스 서울 용산만
의 특별한 포인트다.

3 : 아이를 위한 키즈 라이브러리

엄마, 아빠를 위한 라운지만 있는 게 아니다. 아이들
을 위한 키즈 라이브러리에는 아이들이 좋아하는 그
림책과 창작 동화, 영어 동화책이 다양하게 비치되어
있다. 투숙객들에게 무료로 오픈하는 공간이라는 것
도 매력적이다.

4 : 유아 풀이 있는 실내 수영장

투숙객이라면 횟수 제한 없이 자유롭게 이용 가능하다. 커다란 전면 유리창 덕분에 실내 수
영장이지만 탁 트인 뷰를 감상할 수 있다. 어린아이를 위한 유아 풀을 운영해 아이들과 물
놀이를 즐기기에도 좋다. 수영 전후 편하게 쉴 수 있는 라운지도 있다.

Suite Room
전 객실 스위트! 완벽한 주방 시설!

아름다운 서울의 야경을 감상할 수 있는 202개의 객실을 보유하고 있다. 스튜디오 타입인 주니어 스위트부터 3개의 룸을 갖춘 프리미어 스위트 3베드 룸까지 전 객실이 스위트룸으로 구성되어 있다. 객실마다 인덕션, 냉장고, 전자레인지, 네스프레소 머신, 다양한 조리 기구와 식기세척기까지 포함된 풀 옵션 주방을 갖추었다. 수영복이나 입었던 옷을 객실에서 편하게 세탁할 수 있도록 세탁기도 구비했다. 이처럼 그랜드 머큐어 앰배서더 호텔 앤 레지던스 서울 용산은 모든 객실이 스위트인 것은 물론 완벽한 주방 시설을 갖춘 하이엔드 레지던스 호텔이라는 것이 큰 장점이다.

가장 기본이 되는 주니어 스위트 객실은 43㎡로 킹 사이즈 침대가 놓여 있다. 주방과 침실이 일자로 이어진 형태이며 욕실엔 샴푸, 컨디셔너, 보디 클렌저와 일회용 칫솔, 면도기 등의 어메니티도 충실하게 갖추었다. 다만 욕실에 욕조가 없다는 점이 아쉽게 느껴진다.

기준 인원은 최대 3인으로 성인 2인과 소아 1인이 함께 투숙할 수 있다. 만 12세 미만 아동이 부모와 함께 투숙할 경우 별도의 비용이 필요 없지만 엑스트라 베드를 요청할 경우 1박당 55,000원의 비용을 지불해야 한다. 유아용 침대는 무료로 제공한다. 한정 수량으로 사전 예약하는 것을 추천한다. 아기 욕조와 변기 역시 미리 요청해두는 것이 좋다.

거실과 침실이 분리된 슈페리어 스위트 객실은 65m²로 침실에 킹 사이즈 침대가 놓여 있다. 슈페리어 스위트 객실 이상부터는 샤워 부스가 설치된 욕실에 사이즈가 넉넉한 욕조도 함께 마련되어 있다. 아이들과 함께 호캉스를 즐기다 보면 욕조 유무가 중요한 경우가 많으므로 꼼꼼하게 비교해보고 예약하는 것을 추천한다. 기준 인원과 엑스트라 베드 옵션은 주니어 스위트 객실과 동일하다.

Lounge

시간대별로 다양한 음식을 제공하는 이그제큐티브 라운지

대부분의 특급 호텔 이그제큐티브 라운지는 비즈니스 고객을 위한 공간으로, 아이 출입을 제한하는 경우가 많다. 하지만 그랜드 머큐어 앰배서더 호텔 앤 레지던스 서울 용산의 이그제큐티브 라운지는 나이와 상관없이 입장할 수 있다. 무제한 주류를 제공하는 해피아워 역시 나이 제한이 없다. 라운지 옆으로는 아이들을 위한 작은 도서관과 놀이 공간이 마련되어 있다. 아이와 호캉스를 즐기는 가족 여행객에겐 더없이 좋은 혜택이다.

호텔 3층에 자리 잡은 이그제큐티브 라운지는 프리미엄 스위트룸 이상의 객실을 예약할 경우 입장 가능하며, 라운지 입장이 포함된 패키지를 예약하는 방법도 있다. 리얼 호캉스를 즐기고 싶다면 라운지 입장이 포함된 객실 혹은 패키지 이용을 강력하게 추천한다.

조식부터 티 브레이크, 해피아워까지 시간대별로 다양한 음식을 제공하며 해피아워에는 맥주와 와인이 준비된다. 다양한 종류의 핑거 푸드도 있어 가벼운 저녁 식사도 가능하다.

식음료 서비스 외에도 사전 예약 시 미팅 룸을 무료로 이용할 수 있다(2시간). 목 마사지 기계와 노트북도 비치되어 있다.

- 이그제큐티브 라운지 운영 시간
  조식 | 평일 06:30~10:00, 주말 · 공휴일 06:30~10:30
  티 브레이크 | 11:00~17:00(차, 커피, 쿠키 이용 가능)
  해피아워 | 17:30~19:30(주류 및 음료, 간단한 스낵 제공)

- 키즈 라이브러리 운영 시간
  일~목요일 07:00~21:00,
  금~토요일 · 공휴일 07:00~22:00
  *13세 이하 어린이만 입장 가능, 보호자 동반 입장 필수

Breakfast
라운지에서 즐기는 여유로운 아침 식사

그랜드 머큐어 앰배서더 호텔 앤 레지던스 서울 용산의 조식은 이그제큐티브 라운지에서 통합 운영한다. 라운지 입장이 포함되지 않은 객실로 예약했더라도 조식을 포함해 객실 요금을 결제한 경우 이그제큐티브 라운지에서 조식을 즐길 수 있다. 물론 라운지 입장이 가능한 프리미엄 스위트 이상 객실에 투숙한다면 별도의 비용을 들여 조식을 추가할 필요가 없다. 기본으로 라운지 입장이 포함되어 있기 때문이다.

보통 라운지 조식은 공간이 협소하고 종류가 다양하지 않은 경우가 많지만, 그랜드 머큐어 앰배서더 호텔 앤 레지던스 서울 용산의 라운지는 타 호텔 라운지보다 훨씬 넓고 메뉴도 다양하다. 한식은 물론 와플, 팬케이크, 크루아상, 샐러드 등 취향에 따라 다양하게 맛볼 수 있다. 특히 즉석에서 만들어주는 에그 베네딕트는 꼭 맛봐야 할 메뉴.

한식 코너에는 잡곡밥, 국, 생선, 고기 요리와 각종 밑반찬이 잘 갖춰져 있어 아이의 든든한 아침 식사로 손색없으며, 어린이용 식기도 갖추었다.

• 이그제큐티브 라운지 조식 운영 시간
평일 | 06:30~10:00
주말 및 공휴일 | 06:30~10:30

Facilities
한강이 한눈에 내려다보이는 수영장

호텔 6층에 자리 잡은 실내 수영장은 높은 층고와 커다란 창문으로 탁 트인 분위기에서 수영을 즐길 수 있다. 메인 풀 주변에는 선베드가 넉넉하게 준비되어 있다. 호텔 투숙객이라면 추가 비용 없이 자유롭게 이용할 수 있다.

메인 풀의 깊이는 1.2m로 13세 미만 어린아이는 보호자와 함께 입장해야 한다. 튜브 및 물놀이 기구 사용이 제한되기 때문에 아이와 함께 방문한다면 구명조끼 혹은 보조 기구를 미리 준비하는 것이 좋다. 수영모 역시 잊지 말고 준비해야 한다.

영·유아를 위해 수심 얕은 유아 풀을 갖추어 아이들과 안전하게 물놀이를 즐길 수 있다. 수영장 한쪽에 마련된 자쿠지 이용도 가능하다.

호텔 투숙객은 수영장과 연결된 사우나도 무료로 이용할 수 있다. 하지만 아쉽게도 사우나의 경우 16세 미만 어린이는 입장할 수 없다. 16세 이상 청소년과 성인은 사우나에서 수영복을 갈아입고 수영장으로 이동할 수 있지만, 아이의 경우 수영장 옆에 별도로

마련된 샤워 시설을 이용해야 한다.

• 실내 수영장 및 사우나 운영 시간
  06:00~22:00(넷째 주 화요일 휴무)

집에서도 침대 생활을 하고 있긴 하지만 호텔의 킹 사이즈 침대는 훨씬 더 푹신하고 넓었어요. 아이가 침대에 뛰어드는 순간 "발부터 씻어야지"라고 말하려다 해맑은 아이의 표정을 본 저는 잔소리를 하는 대신 카메라를 들었답니다.

아이는 초등학교에 다닐 정도로 훌쩍 커버렸지만 여전히 엄마 품에서 잠을 자요. 덕분에 이날 거실에 놓여 있던 엑스트라 베드는 침대 본연의 기능이 아닌 아이의 놀이 공간으로 활용했어요. 햇살이 가득 들어오는 창가 옆 푹신한 침대는 참으로 포근했어요.

아이와 함께 숙박할 경우 전화나 메일로
동반 투숙한다고 미리 언급하곤 해요. 호텔
에 따라 다르겠지만 아이들용 어메니티나
슬리퍼, 가운을 제공해주기도 한답니다. 세
가족의 슬리퍼를 나란히 놓고 보니 아이의
신발이 유난히 작게 느껴지더라고요.

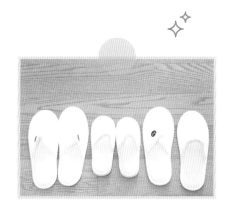

서울 시내 5성급 호텔 중 아이가 입장
가능한 라운지는 많지 않아요. 앞서 라
운지 입장이 불가능한 몇몇 호텔에 가본
적이 있었던 터라 당연히 못 들어갈 줄
알더라고요. 함께 라운지에 들어가자는
말에 어찌나 반가워하던지. 이젠 조금
컸다고 뽀로로 식판 대신 둥그란 접시를
들고 좋아하는 과일을 가득 담아 왔어요.
"이제 뽀로로는 유치해서 싫어."

PIC A PIC!

호캉스의 추억을 오래도록 간직해줄 포토 스폿을 모으고 모았다!
결국 남는 것은 사진뿐. 호캉스의 시간을 찍고 찍고 또 찍어보자.

📷 서울드래곤시티의 상징 **두두 조형물**

호텔 입구에서 투숙객을 반기는 두두 조형물은 독
일의 공상과학소설 〈네버엔딩 스토리〉에서 모티브
를 따온 작품으로, 소설 속 주인공과 행운의 용 이
야기를 담고 있다. 용의 형상을 한 서울드래곤시티
건물은 행운의 용을, 인간 모습을 한 두두 조형물은
주인공 아트레유를 상징한다. 높이는 무려 18.5m에
달한다.

📷 갤러리에 온 듯한 느낌의 **호텔 로비**

호텔 로비에 들어서면 다양한 작가들의 예술 작품
이 눈에 띈다. 특히 한국의 아름다움이 담긴 예술
작품이 주를 이룬다. 외국인 관광객들에게 한국의
아름다움을 알리기 위한 목적이 우선일 수도 있겠
지만 아이들에게 다양한 영감을 주기에 충분한 듯
하다. 기념사진은 필수다.

Plus Tip : 이것도 놓치지 말자!

+ 나를 위한 시간 보내기, 골프 클럽 & 스크린 야구 연습장 & 스파

GDR 12타석과 스크린 골프 2개를 보유한 골프 클럽

위치 호텔 4층
운영 시간 06:00~22:00(넷째 주 화요일 휴무)
스크린 골프 18홀 1인당 30,000원(세금 별도)
골프 레인지 50분 1인당 20,000원(세금 별도)

최신식 스크린 야구 연습장

위치 호텔 4층
운영 시간 06:00~22:00(넷째 주 화요일 휴무)
1게임 60분 20,000원(세금 별도)

전문 테라피스트가 제공하는 최상의 스파 서비스

위치 호텔 8층
운영 시간 11:30~20:30(화요일 휴무)
보디 마사지 50분 132,000원~
예약 02-2223-7150

+ 모두가 즐거운 스카이킹덤

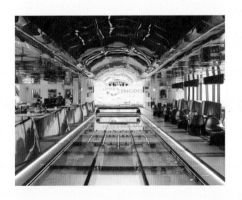

스카이킹덤은 서울드래곤시티 고층에 마련된 엔터테인먼트 공간이다. 다양한 콘셉트의 레스토랑과 바, 루프톱 수영장을 갖추었다. 여름 성수기에는 아이들을 위한 놀이 시설을 오픈하기도 한다. 호텔 투숙 여부와 상관없이 유료로 운영하는 공간으로 자세한 내용은 홈페이지에서 확인하는 것을 추천한다.

스카이킹덤 홈페이지
www.seouldragoncity.com/ko/sky-kingdom

최고의 '가성비'로 즐기는 5성급의 럭셔리함

Novotel Ambassador Seoul Dongdaemun Hotel&Residence

노보텔 앰배서더
서울 동대문 호텔 & 레지던스

#동대문 #DDP #가성비 #호텔도있고 #레지던스도있다 #루프톱수영장

HOTEL

5성급 호텔은 비쌀 것이라는 선입견을 산산이 부숴주는 호텔이 여기 있다. 서울 도심 여행의 1번지 동대문에 자리 잡고 있으면서도, 특급 호텔 특유의 '빵빵한' 부대시설을 모두 갖추고 있으면서도, 오픈한 지 얼마 되지 않아 깨끗하기까지 하면서도 숙박료만큼은 '착하디착한' 노보텔 앰배서더 서울 동대문이 바로 그곳.

서울이 한눈에 내려다보이는 수영장에서 여유로운 한때를 보내다가, 두타와 평화시장에 들러 눈요기를 하고, 밤이 되면 동대문과 DDP의 특별한 풍경 속에 빠져들 수 있는 곳. 온전한 쉼과 오롯한 즐거움 사이로 여행을 떠나고자 하는 이들이라면 딱 좋겠다. 당신은 지금, 노보텔 앰배서더 동대문을 선택해야 할 것이다.

INFO

성급	★★★★★
체크인·아웃	15:00/12:00
요금	₩130,000~
추천	0~6세
주소	서울시 중구 을지로 238
홈페이지	www.ambatel.com/novotel/dongdaemun
전화번호	02-3425-8000

1: 호텔 룸의 유니크함과 레지던스의 여유로움, 당신의 선택은?

노보텔 앰배서더 서울 동대문 호텔 & 레지던스. 이토록 긴 이름이 말해주는 것은 호텔과 레지던스가 함께 있어 투숙객의 선택지가 다양하다는 점이리라. 실제로 노보텔 동대문이 보유한 523개의 객실은 면적과 침대 구성 등에 따라 13가지 객실 타입으로 나뉜다. 객실 면적은 23m²부터 81m²까지 다양하며, 같은 타입과 면적의 룸이어도 침대 구성에 따라 퀸, 트

윈(싱글+싱글 또는 퀸+싱글), 트리플(싱글+싱글+싱글) 등으로 나뉘니 취향과 원하는 바에 따라 다양한 선택이 가능하다. 레지던스 룸의 면적이 상대적으로 넓은 편이지만, 고급스럽고 짜임새 있는 공간을 선호한다면 호텔 룸을 선택하는 것이 좋다. 결국 선택은 당신의 몫! 취향껏 선택해보자.

2 : 탁 트인 시티 뷰를 선사하는 실내 수영장과
프리미언 뷔페 레스토랑 푸드 익스체인지

노보텔 앰배서더 서울 동대문의 모든 것은 20층에서
이루어진다. 체크인과 체크아웃도 20층에 있는 프런
트 데스크에서 이루어지며, 뷔페 레스토랑 푸드 익스
체인지(조식 06:30~10:00)도, 수영장과 피트니스 센
터 인발란스(피트니스 센터 06:00~22:00, 실내 수영
장 07:00~21:30)도 모두 20층에 자리한다. 가장 높
은 층에 부대시설이 모여 있으니, 탁 트인 조망만큼은
확보된 셈. 그 때문에 길 건너 훈련원공원과 청계천,
DDP와 함께 남쪽으로는 N서울타워의 풍경까지 한눈
에 담을 수 있다고. 동편에 자리한 푸드 익스체인지에

서는 조식과 함께 아침 햇살을 만끽할 수 있고, 서편에 자리한 수영장에서는 오후의 노을과
함께 여유로운 수영을 즐길 수 있으니, 이 또한 더없이 좋지 아니한가.

3 : 걸어서 4분! 서울 한복판으로 떠나는 여행의 완성

노보텔 앰배서더 서울 동대문
의 주변을 둘러보면 낡은 건물
들만 눈에 들어와 알아채기 어
렵지만, 지도를 보면 DDP까지
걸어서 4분, 청계천까지는 걸
어서 5분이면 도착하는 서울
도심 여행의 최적지임을 쉽게
알 수 있다. 체크인 후 잠시 수
영을 즐긴 다음 발걸음 가볍게
거리로 나서자. 청계천을 따라
산책을 즐겨도 좋고, DDP와

흥인지문의 화려한 야경을 눈에 담아도 좋으리라. 동대문종합시장에 들러 값싼 액세서리를
구경하는 즐거움까지 경험한다면 이번 호캉스도 성공. 도심으로 떠나는 여행의 재미가 바
로 여기에 있다.

Rooms & Amenities

룸 타입도 다다익선! 선택마저 즐거운
노보텔 앰배서더 서울 동대문 호텔 & 레지던스

노보텔 앰배서더 서울 동대문 호텔 & 레지던스의 거대한 건물은 2개의 타워와 이를 서로 이어주는 공간으로 이루어져 있다. 두 타워는 각각 호텔 타워와 레지던스 타워로 나뉘며 엘리베이터도 호텔 전용과 레지던스 전용으로 각각 운영한다.

호텔과 레지던스 등 룸 타입이 워낙 다양하기 때문에 선택하기 어려울 수도 있지만, 몇 가지 중요한 사항만 기억한다면 나와 내 가족을 위해 딱 맞는 룸을 어렵지 않게 고를 수 있을 것이다. 호텔 객실은 아래 등급부터 차례로 스탠다드, 슈페리어, 이그제큐티브, 프리미어 스위트 등으로 나뉜다. 스탠다드(23㎡) 룸은 가족 단위 투숙객이 묵기에는 면적이 좁은 편이어서 슈페리어(29㎡) 룸 이상의 객실을 선택하는 편이 좋겠다. 이그제큐티브(29㎡) 룸에 묵는다면 전용 어메니티, 이그제큐티브 라운지 이용 등 여러 혜택이 있지만 아쉽게도 라운지는 성인 전용으로 운영한다. 프리미어 스위트(44㎡) 객실은 가성비도 훌륭하지만 아일랜드 욕조 등 포토제닉한 공간이 많아 사진 찍기 좋아

하는 호캉스족에게 특히 인기 높다. 공간도 넓은 편이어서 가족 단위 투숙객이 묵기에 적합한 편.

어린아이를 위해 이유식을 챙겨 먹여야 한다면 레지던스 객실을 선택하자. 요금 대비 더 넓을 뿐 아니라, 간단한 키친이 있어 아이를 위해 특별한 식사를 준비해야 하는 경우에 특히 유용하다. 기본적인 조리 기구와 함께 전자레인지도 구비해 편리하게 이유식이나 가족을 위한 식사를 조리할 수 있다. 자동차를 좋아하는 아이가 있다면 띠띠빵빵 패키지 상품을 통해 레지던스 디럭스(53㎡) 룸을 선택해보자. 레이싱카를 모티브로 한 띠띠베드와 키즈 텐트, 유아 전용 어메니티, 웰컴 키트 등 키즈 팩이 포함된 알찬 패키지 상품으로 인기가 높다. 객실 수가 많지는 않으므로 예약을 서두르자.

호텔, 레지던스 모두 남향 객실의 경우 남산 N서울타워 조망이 가능하다. 조금 멀긴 하지만 야경 보는 맛이 쏠쏠하니, 관심이 있다면 체크인 전에 미리 일러두는 것도 좋겠다.

Services & ETC
스마트한 투숙을 완성하는 스마트 컨시어지 서비스

2018년 개관한 '신상' 호텔인 만큼 젊은 호캉스족을 사로잡을 서비스 아이템이 여럿 눈에 띈다. 그중에서도 아이와 함께하는 가족 단위 투숙객들이 주목할 것은 스마트 컨시어지 서비스를 구현하기 위해 '기가지니' 테이블 기기를 비치했다는 점(일부 객실)이다. 객실 내 전자 기기, 조명, 에어컨 따위를 이 기기로 제어할 수 있는데, 언어 명령도 가능해 편리하다. 다만, 이에 재미 들린 아이들의 무한 반복 명령은 감수해야 할 것. 기기를 통해 객실용품을 요청하면 '엔봇'이라는 로봇이 객실까지 이

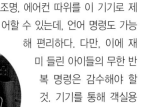

를 전달해주기도 하며, 멜론으로 음악 감상도 가능하고 아이들을 위한 영상 시청도 가능하니 부모를 위한 자유 시간이 조금은, 아주 조금은 더 생길지도 모르겠다.

Facilities
서울을 한눈에 담을 수 있는
실내 수영장과 알찬 키즈 라운지

아이와 함께 노보텔 앰배서더 서울 동대문을 찾게
된다면 꼭 알아둬야 할 두 공간, 바로 키즈 라운지
(08:00~20:00)와 20층의 수영장이다. 먼저 키즈 라
운지로 향해보자. 커다란 미끄럼틀 놀이 세트, 키즈
텐트, 트램펄린 따위의 동적인 놀이 기구가 한쪽을
채우고, 한쪽에는 주방 놀이 세트 등 교구들이 아이
투숙객을 기다리고 있다. 책 읽기를 좋아하는 아이들
을 위한 도서도 제법 갖추었다는 점이 마음에 든다.
기둥 뒤편 숨은 공간에는 2대의 대형 게임기를 갖춘
게임 존도 있어, 아들과 아빠 투숙객의 눈길을 사로
잡는다.

양쪽으로 파노라마처럼 펼쳐진 전면창 너머로 서울
의 도심 풍경과 오후의 햇살이 넘나드는 수영장은 노
보텔 동대문을 찾은 호캉스족이 가장 좋아하는 공간
중 하나. 넉넉한 채광 덕분에 더없이 온화한 실내 수
영장은 드넓은 메인 풀과 체온 유지를 위한 미니 풀
을 보유했으며, 선베드도 넉넉히 배치되어 있다. 다른
호텔 수영장과는 달리 대여용 킥보드를 비치해둔 점

도 눈에 띈다.
21층에는 루프톱 야외 수영장(09:00~21:00, 계절에
따라 다름)도 운영한다. 포토제닉한 사진들로 이미
'인스타그램 성지'가 된 곳이지만 아쉽게도 성인 전
용이라고 하니, 아이와 함께라면 20층 실내 수영장으
로 만족해야 할 것 같다.

Check Point 4

Dining
만족스러운 아침을 선사하는 푸드 익스체인지

여유로운 아침 식사를 할 수 있는 캐주얼 뷔페 레스토랑 푸드 익스체인지는 매력적인 뷰와 모던한 분위기, 정갈하고 질 높은 음식의 삼박자를 고루 갖춰 노보텔 동대문을 찾은 호캉스족에게 두루 합격점을 받고 있다. 호텔의 최고층인 20층에 위치해 DDP와 청계천은 물론 저 멀리 북한산의 초록 풍경까지 보여주며 매력적인 아침을 선사한다고.

음식 종류는 많지 않지만 한식과 양식 메뉴가 적절히 균형을 이루어 남녀노소 누구나 만족할 수 있는 아침 밥상이 되도록 한 섬세함이 느껴진다. 무엇보다 부모와 함께 투숙하는 만 16세 미만 자녀의 경우 2명까지 조식을 무료로 제공한다는 점도 가족 단위 투숙객에게는 더없이 좋은 혜택이다.

PIC A PIC!

호캉스의 추억을 오래도록 간직해줄 포토 스폿을 모으고 모았다!
결국 남는 것은 사진뿐. 호캉스의 시간을 찍고 찍고 또 찍어보자.

📷 이보다 더 포토제닉할 순 없다! 실내 수영장 전면창

서울 도심이 한눈에 내려다보이는 20층의 수영장. 전면 유리창이 이어지는 이곳에서라면 분위기 있는 사진을
찍을 수 있다. 청계천과 북한산의 파노라믹한 풍경을 배경 삼아 아이의 맑은 모습을 담아보자.

Plus Tip : 이것도 놓치지 말자!

+ 조금 더 나은 호캉스를 위해, 전망 좋은 객실을 사수하자

2개의 타워 형태를 띠는 건물의 특성 때문에 일부 객실의 경우 뷰가 다소 제한적이다. 체크인할 때 객실의 방향
이나 조망에 대해 요청해도 되겠지만, 예약 직후 유선으로 바로 요청해두는 것이 더 확실하다. 북쪽을 향한 객실
에서는 북한산과 종로의 모습을, 남쪽을 향한 객실에서는 남산과 남산 N서울타워를 볼 수 있다.

+ 주말에는 주차장 상황을 미리 확인하자

노보텔 앰배서더 동대문은 결혼식 장소로도 유명해서, 식이 있는 주말에는 주차장 이용객이 크게 늘어난다. 주차
장 자체는 넓은 편이지만, 때에 따라 주차가 어려운 경우 주변의 주차장을 이용하도록 안내해준다. 아이와 함께
셔틀을 타고 이동하는 것은 꽤 번거롭고 시간도 많이 허비하게 되므로, 이를 대비해 계획을 잡는 것이 좋겠다.

추천 반나절 여행 코스

체크아웃 ➡ DDP ➡ 청계천 & 오간수문 ➡ 동대문종합시장 ➡ 흥인지문 & 흥인지문공원

동대문 디자인 플라자(DDP)

2014년에 개장해 동대문 일대의 이미지를 단숨에 바꿔놓은 복합 문화 공간. 이라크의 건축가 자하 하디드의 설계로 특유의 구불거리는 형태가 유명하다. 여러 전시장을 두어 사시사철 다양한 전시가 열린다. 굳이 전시를 찾지 않더라도 건축물을 보는 것도 흥미로우며, 야경이 특히 매력적이다.

주소 서울시 중구 을지로 281 | **시간** 10:00~21:00(프로그램별로 다름) | **가격** 무료(프로그램별로 다름) | **홈페이지** www.ddp.or.kr

청계천 & 오간수문

서울 도심 속 유일한 수공간으로 2005년에 복원되었다. 청계천은 서쪽에서 동쪽으로 흐르는데, DDP와 흥인지문 사이에 놓인 오간수교를 따라 건널 수 있다. 청계천 한쪽 축벽에 이전 설치된 오간수문은 옛 성벽 아래 물길이 지나도록 만든 문이었다고 한다.

주소 서울시 종로구 종로6가 287-7 | **시간** 24시간

동대문종합시장

동대문에 '두타'와 '밀리오레'만 있다고 믿는 당신. 지금의 동대문을 있게 만든 역사의 산증인 동대문종합시장으로 가보자. '디자이너들의 성지'로 불리는 그곳은 온갖 원자재와 부자재를 판매하는 상점으로 가득한데, 예전에는 관련업 종사자만 찾았지만 최근에는 관심 있는 일반 시민도 두루 찾는다고.

주소 서울시 종로구 종로 266 | **시간** 월~토요일 08:00~18:00(업체별로 다름) | **홈페이지** www.ddm-mall.com

흥인지문 & 흥인지문공원

짧은 서울 기행의 하이라이트, 바로 흥인지문이다. 호텔에서 걸어서 10분 남짓한 이곳에서 600년의 역사를 마주해보자. 아이들의 체력이 조금 남아 있다면 북쪽으로 조금 더 걸음해보자. 종로를 건너면 마주할 수 있는 흥인지문공원 너머로 한양도성의 성곽이 이어진다. 낮에도 아름답지만 밤이 더 아름답다고 하니, 저녁 어스름 호텔을 나서보자.

주소 서울시 종로구 종로 288 | **시간** 24시간

이보다 더 합리적인 가격의 호텔은 없다! 가성비 최고의 호텔

Lotte City Hotel Mapo

롯데 시티 호텔 마포

#가성비 #수영장 #온돌룸

서울 시내에서 실내 수영장을 갖춘 체인 호텔의 숙박비가 1박 기준 10만 원 내라는 것 하나만으로 롯데 시티 호텔 마포는 충분히 매력적이다. 그뿐 아니라 투숙객을 위한 피트니스 시설과 세탁실을 갖추었으며 인근에 유명 맛집과 분위기 좋은 카페도 많다. 이렇다 보니 롯데 시티 호텔 마포는 이미 많은 사람들에게 호캉스하기 좋은 호텔로 알려져 있다. 덕분에 주말이면 정말 많은 사람들로 북적거린다. 호텔 룸 안에만 있으면 상관이 없겠지만 호텔 시설을 이용하기엔 불편을 다소 감수해야 한다. 실내 수영장은 사람들이 몰리면 수영장을 제대로 즐길 수 없게 되기도 한다. 가능하다면 주말보다는 평일 숙박을 추천한다. 숙박 요금도 주말보다 평일이 20% 정도 더 저렴하다.

체크인하는 순간부터 수영장, 조식 레스토랑에서까지 많은 사람들과 마주치는 것이 조금은 불편할 수도 있겠지만 이 부분만 감수한다면 롯데 시티 호텔 마포는 가심비 최고의 호텔이라 할 수 있겠다.

INFO

성급	★★★
체크인·아웃	15:00 / 12:00
요금	₩75,000원~
추천	0~5세
주소	서울시 마포구 마포대로 109
홈페이지	www.lottehotel.com/mapo-city/ko.html
전화번호	02-6009-1000

1 : 가성비와 가심비, 두 마리 토끼를 다 잡았다.

단언컨대 롯데 시티 호텔 마포는 가성비는 물론이고 가격 대비 마음의 만족을 추구하는 소비 형태인 가심비까지 만족시키는 호텔이다. 덕분에 아이와 호캉스를 즐기려는 사람들로

늘 북적거린다. 주말보다는 평일에 이용하는 것이 롯데 시티 호텔 마포를 제대로 즐기는 꿀팁! 당연하겠지만 숙박 요금도 평일이 조금 더 저렴하다. 횟수 제한 없이 이용 가능한 수영장과 피트니스 시설이 있다는 사실도 자타 공인 최고의 가성비 호텔이라는 수식어를 뒷받침해준다.

2 : 한옥의 편안한 분위기를
   느낄 수 있는 온돌 룸

푹신한 방석, 포근한 이부자리와 함께 저
상형 침대가 놓인 온돌 룸에서는 한옥의
아늑함과 편안한 분위기를 느끼는 동시
에 호텔의 편리함을 고스란히 누릴 수 있
다. 아이가 바닥을 기어 다니거나 슬리퍼
없이 걸어 다녀도 안심할 수 있는 것도
온돌 룸의 큰 장점이라고 할 수 있다.

3 : 투숙객을 위한 다양한 편의 시설

하루에도 여러 번 옷을 갈아입혀야 하는 아이의 여벌 옷을 준비하지 못했다면? 세탁과 건
조가 가능한 4층 코인 세탁실을 이용하면 된다. 수영장에서 신나게 노느라 허기진 배를 채
워야 한다면? 지하 아케이드의 수많은 맛집 혹은 편의점을 이용하면 된다. 롯데 시티 호텔
마포는 건물 안에 투숙객을 위한 다양한 편의 시설을 갖추고 있다. 투숙하는 동안 건물 밖
을 나갈 필요가 없다는 말이기도 하다.

Rooms

가성비 갑! 1박 10만 원대 스탠다드 룸

롯데 시티 호텔 마포의 가장 큰 장점은 저렴한 가격이다. 물론 서울 시내에 이보다 더 저렴한 호텔도 있긴 하지만 실내 수영장이 없거나 수영장 요금을 별도로 지불해야 하는 경우가 대부분이다. 호캉스의 목적이 수영장 이용이라면 서울 시내에서 가장 저렴한 가격으로 숙박할 수 있는 호텔이 바로 롯데 시티 호텔 마포일 것이다.

롯데 시티 호텔 마포에서 가장 기본이 되는 룸은 스탠다드 룸이다. 객실 면적은 약 25m²(7.5평)에서 26m²(8평) 정도로 작은 편이지만 주말 기준 1박 10만 원 정도의 가격(조식 불포함)은 아무리 생각해도 매력적이다. 그리 크지 않은 룸이지만 간단한 업무를 볼 수 있는 책상과 티 테이블도 갖추었다. 욕실에는 욕조가 있어 공간도 여유로운 편이다. 기준 인원은 2인이지만 엑스트라 베드를 추가하지 않는 조건으로만 12세 미만의 어린이와 함께 투숙 가능하다. 하지만 초등학생 이상의 아이와 함께 숙박하기엔 더블 베드 하나는 다소 비좁을 수 있으니 추천하지 않는다.

조금 더 여유롭게 숙박하고 싶다면 트윈 베드를 놓은 디럭스 룸 혹은 디럭스 패밀리 트윈 룸을 추천한다. 특히 디럭스 패밀리 트윈 룸은 더블 침대와 싱글 침대가 함께 놓여 있어 호캉스를 즐기려는 가족에게 가장 인기 있다. 디럭스 패밀리 트윈 룸 역시 주말에도 10만 원 초반 가격으로 예약할 수 있다. 다시 한번 강조하지만 가격만큼은 여느 호텔과 비교해도 뒤지지 않는다.

Rooms
한국의 전통미가 느껴지는 단 2개뿐인 디럭스 온돌 룸

롯데 시티 호텔 마포의 디럭스 온돌 룸은 한국의 전통미를 간직한 온돌방에 더블 침대를 놓은 특별한 객실이다. 격자무늬 창호와 TV장, 장식장, 벽지까지 모두 한옥의 편안한 분위기를 고스란히 담고 있다. 책상과 의자 대신 사이즈가 넉넉한 좌식 테이블과 방석이 놓여 있는 것도 인상적이다. 룸에 비치한 더블 침대는 일반 침대보다 프레임이 낮은 저상형이다. 물론 온돌 바닥에서 편하게 잘 수 있도록 추가 침구도 무료로 제공한다. 온돌 룸은 아이가 바닥을 기어 다니거나 슬리퍼 없이 걸어 다녀도 안심할 수 있어 유아와 함께 투숙하는 사람들에게 특히 추천한다. 물론 수영장이나 피트니스 등 호텔의 기본 시설도 모두 이용할 수 있다.

넓은 욕실에는 욕조와 비데가 설치되어 있으며 어메니티도 충실하게 갖추었다. 온돌의 아늑함과 분위기를 고스란히 전하면서 호텔의 편리한 장점은 그대로 유지하고 있다는 것이 롯데 시티 호텔 마포 온돌 룸의 가장 큰 장점이라고 할 수 있다.

하지만 아쉽게도 롯데 시티 호텔 마포는 단 2개의 온돌 룸만 운영한다. 공식 홈페이지에 상세 소개가 있지만 온라인으로는 예약이 불가능하기 때문에 전화 예약만 가능하다. 원하는 날짜에 숙박하려면 서둘러 예약해야 한다. 디럭스 패밀리 트윈 룸과 비교하면 20% 정도 비싸지만 기준 인원이 4인으로 4인 가족이 숙박하기엔 더없이 좋은 선택이다.

Facilities
횟수 제한 없이 이용 가능한 실내 수영장

합리적인 가격의 가성비 호텔답게 롯데 시티 호텔 마포의 실내 수영장은 아담한 편이다. 길이는 18m로 3개의 레인을 운영하며 수심은 약 1.2m다. 별도의 유아 풀은 없다. 실내 수영장인 만큼 수온은 사계절 따뜻하게 유지된다. 튜브나 물놀이용품은 반입이 불가능하니 아이와 함께 방문한다면 구명조끼 혹은 퍼들 점퍼 등을 미리 준비해 가는 것이 좋다. 또 수영장에 들어가려면 수영 모자를 반드시 착용해야 한다. 혹시 준비하지 못했다 하더라도 너무 걱정하지는 말자. 수영 모자는 호텔 로비층에 있는 편의점에서 구입할 수 있다.

롯데 시티 호텔 마포 수영장은 투숙객만 이용 가능한 시설로 객실당 성인 2명과 어린이 2명까지 이용할 수 있다. 성수기에는 호텔 체크인 시 수영장 입장 팔찌를 제공하며 팔찌를 착용해야 입장 가능하다. 투숙 기간 내에는 횟수 제한 없이 자유롭게 이용할 수 있다는 것이 큰 장점이다. 오후 12시부터 1시까지는 집중 방역 시간으로 운영을 잠시 중단한다.

수영장 주변에 놓인 선베드와 의자는 추가 요금 없이 이용할 수 있다. 하지만 좌석이 여유로운 편은 아니다. 탈의실과 샤워 시설이 있긴 하지만 주말이나 성수기에는 다소 복잡할 수 있으니 객실에서 수영복으로 갈아입고 수영장으로 입장하는 것을 추천한다.

운영 시간 월~목요일 08:00~18:00/금~일요일, 공휴일 08:00~21:00
Break Time(집중 방역 시간) 12:00~13:00

Dining
합리적인 가격의 모던 뷔페 레스토랑 나루

가성비를 자랑하는 호텔답게 뷔페 레스토랑 역시 합리적인 가격으로 이용할 수 있다. 호텔 체크인 시 조식 레스토랑 이용을 예약한다면 추가 할인도 가능하다. 조식 레스토랑 입구로 들어서면 라운지로 사용하는 넓은 공간이 마련되어 있다. 라운지를 통과해 안쪽 뷔페 레스토랑으로 입장하면 된다.

가짓수가 많은 것은 아니지만 샐러드, 수프, 빵, 소시지 등 기본 메뉴는 충실하게 갖추었다. 밥과 불고기 등의 한식 메뉴도 제공한다. 단, 한식 메뉴가 다양한 편은 아니니 큰 기대는 하지 않는 것이 좋다. 오믈렛과 우동은 라이브 스테이션에서 주문 즉시 만든다. 저녁에는 신선한 회와 초밥, 스테이크와 LA갈비 등을 제공한다. 조식 메뉴 가격에 비해 점심과 저녁 가격이 비싼 편이긴 하지만 다른 호텔 뷔페와 비교하면 가격 대비 훌륭한 구성이다.

• 운영 시간
  조식 | 07:00~10:00
  중식 | 11:30~14:30
  석식 | 18:00~21:30

• 요금
  조식 | 어른 29,000원, 어린이 20,700원
  평일 중식 | 어른 58,000원, 어린이 40,000원
  평일 석식 | 어른 68,000원, 어린이 46,000원
  주말·공휴일
  중·석식 | 어른 71,000원, 어린이 47,000원
  * 어린이 48개월~13세 미만

Plus Tip : 이것도 놓치지 말자!

+ 편의 시설

다양한 운동 기구를 구비한 피트니스

위치 호텔 4층
운영 시간 06:00~21:00
이용 요금 투숙객 무료(운동복 & 운동화 개별 지참)

생필품과 먹거리가 가득한 편의점

위치 호텔 2층
운영 시간 08:00~다음 날 01:00

세탁과 건조가 가능한 코인 세탁실

위치 호텔 4층
운영 시간 24시간
요금 세탁 1회 4,000원, 건조 1회 4,000원, 세제 1,000원

다양한 맛집과 슈퍼마켓이 있는 지하 아케이드

위치 호텔 지하 1층
운영 시간 상이

초고속 인터넷과 팩스, 프린터 등을 이용할 수 있는 비즈니스 센터

위치 호텔 2층
운영 시간 24시간
우편 업무 대행 가능(택배, 퀵 서비스)

📍 아이와 함께 다녀오면 좋은 곳

✛ 경의선책거리

홍대입구역 6번 출구를 나오면 공간산책, 여행산책, 아동산책 등으로 구성된 이색적인 책 테마 거리가 등장한다. 자연스럽게 걸으며 마주하는 조형물과 부스를 통해 대형 서점에서는 보기 힘든 다양한 분야의 책을 접할 수 있다. 그림책 및 세계 명작 동화가 가득한 아동산책, 다양한 일러스트와 체험 클래스를 진행하는 창작산책은 아이와 함께 경의선책거리를 방문한다면 꼭 들러야 하는 스폿이다. 저자와 함께하는 북 토크, 독서 토론 등 다양한 문화 행사가 펼쳐지는 공간도 있다. 홈페이지를 통해 매월 진행하는 문화 행사와 체험 프로그램 등을 확인할 수 있다.

주소 서울시 마포구 와우산로37길 35 | **전화** 02-324-6200 | **시간** 화~일요일 11:00~20:00(월요일 휴관) | **홈페이지** http://gbookst.or.kr

✛ 하늘공원

월드컵공원의 테마 공원 중 하늘과 가장 가까운 곳에 위치해 서울 풍경을 한눈에 내려다볼 수 있다. 북쪽으로는 북한산, 동쪽으로는 남산과 63빌딩, 남쪽으로는 한강, 서쪽으로는 행주산성이 눈앞에 펼쳐진다. 계절마다 여러 꽃이 피어나며 특히 가을이면 광활한 들판 가득 억새풀이 우거져 장관을 이룬다. 억새축제 기간에는 다양한 문화 공연을 개최할 뿐 아니라 늦은 시간까지 공원을 개방한다. 환상적인 조명과 어우러진 아름다운 억새의 모습과 함께 서울의 야경을 감상할 수 있다. 난지주차장에서 출발하는 맹꽁이 전기차를 이용하면 하늘공원에 보다 쉽고 빠르게 오를 수 있다.

주소 서울시 마포구 하늘공원로 95 | **시간** 05:00~20:00(계절에 따라 다름) | **가격** 맹꽁이 전기차 왕복 어른 3,000원, 어린이 2,200원

PART
2

인천
&
경기도

• • •

파라다이스시티
그랜드 하얏트 인천
네스트 호텔 인천
오크우드 프리미어 인천
롤링힐스 호텔

HOTEL

여기 모든 것을 갖춘 호텔이 있다. 그 이름 파라다이스시티! 완벽하게 편안한 객실, 화려한 파인 다이닝부터 캐주얼한 푸드 코트까지 다 갖춘 다이닝 셀렉션, 실내와 실외를 모두 아우르는 수영장, 키즈 존과 패밀리 라운지, 아이를 위한 테마파크와 어른을 위한 스파, 그러고도 모자라 호텔 전체를 미술관처럼 꾸며 그 안에서 보내는 모든 시간을 예술처럼 만들어주는 곳. 그리하여 '천국'이라는 이름의 뜻이 결코 아깝지 않은 이곳이 바로 호캉스의 천국 파라다이스시티다.

호캉스 초보자부터 베테랑 호캉스족에 이르기까지, 그 어떤 투숙객이라도 만족시키고도 남을 파라다이스시티. 수많은 여행자들의 경험이 증명하는 파라다이스시티로 특별하고 독보적인 여행을 떠나보자.

INFO

성급	★★★★★
체크인·아웃	15:00 / 11:00
요금	₩250,000~
추천	0~12세
주소	인천시 중구 영종해안남로321번길 186
홈페이지	www.p-city.com
전화번호	032-729-2000

영종도에서 만나는 호캉스의 천국

Paradise Hotel & Resort

파라다이스시티

#여기가바로 #호캉스의끝판왕 #볼거리도풍성 #즐길거리도풍성 #더할나위가없네

1: 파라다이스시티에 발을 딛는 순간부터 예술이 시작된다

베르사유의 그것이 떠오르는 커다란 분수를 돌아 데미안 허스트의 황금빛 조각상 '골든 레전드'가 맞이하는 화려한 로비에 발을 딛는 순간, 예술의 시간이 시작된다. 호캉스를 위해 이곳에 왔다는 사실은 잠시 잊을지도 모른다. 체크인 카운터보다 먼저 당신의 시선을 잡아끄는 쿠사마 야요이의 '자이언트 펌프킨'과 로버트 인디애나의 '러브' 등 이름난 작가들의 예술 작품이 줄을 잇듯 당신을 유혹하기 때문.

객실로 향하는 엘리베이터 홀과 복도, 호텔과 쇼핑 플라자를 잇는 아트워크, 수영장과 라운지, 야외 정원에 이르기까지 수십 점의 예술품이 파라다이스의 곳곳을 채운다. 마주하는 모든 공간이 포토 스폿이 되고, 이곳에서의 모든 순간은 예술이 된다. 파라다이스에서의 시간이 특별한 이유다.

2 : 호캉스의 끝판왕, '역대급' 부대시설이 당신을 부른다!

파라다이스시티를 경험했던 대부분의 투숙객들은 이렇게 이야기한다. 하룻밤은 너무 짧았노라고. 3박 4일 정도는 묵어야 이곳을 제대로 경험할 수 있을 거라고. 아쉬움과 만족감이 공존하는 듯한 그들의 말은 파라다이스시티가 자랑하는 부대시설의 풍성함을 증명한다.

동남아의 럭셔리 리조트를 떠올리게 하는 실내외 수영장과 키즈 카페를 그대로 옮겨놓은 듯 풍성한 놀 거리를 자랑하는 키즈 존, 마음껏 모래 놀이를 즐길 수 있는 야외 놀이터에 더해 가족 단위 투숙객이 잠시 머물며 담소를 나눌 수 있는 패밀리 라운지까지. 쉬러 온 것이지만 한시도 쉬지 못한 채 돌아가게 만든다는 파라다이스시티의 '역대급' 부대시설을 당신도 경험해보아야 하지 않겠는가.

3 : 호캉스에 즐거움을 더하다! 이보다 더 풍성할 수 없는 리조트 스페이스

파라다이스시티는 2개의 호텔과 카지노, 럭셔리 스파와 테마파크, 쇼핑 플라자와 아트 갤러리까지, 많은 공간이 한데 어우러져 초대형 복합 리조트를 이룬다. 그런 만큼 투숙객이 무료로 이용할 수 있는 호텔 부대시설 외에도 다양한 재미를 선사하는 유료 시설을 누릴 수 있다. 어린아이와 함께라면 실내 테마파크인 원더박스로, 초등학생 이상 자녀와 함께라면 웬만한 워터파크에 뒤지지 않는 스파 씨메르로 향하자. 파라다이스시티에서의 풍성하고 넉넉한 호캉스는 그렇게 완성될 터다.

Rooms & Amenities
편안함과 여유로움을 품은 예술적 감각의 711 객실

파라다이스시티에서의 하룻밤을 책임질 711개의 객실을 만나보자. 대부분의 투숙객이 묵게 될 객실은 디럭스 룸으로 기본 객실임에도 45m²의 넓고 여유로운 공간을 자랑한다. 킹/트윈 베드 외에 4명은 족히 앉을 만한 패브릭 소파와 테이블 등이 있어 편안한 투숙을 돕는다. 커다란 욕조와 쌍둥이 세면대, 별도의 샤워 부스를 갖춘 욕실도 제법 공간이 여유로운 편이어서 넉넉한 쉼의 시간을 보내기에 부족함이 없을 것이다. 이렇듯 일반 객실에서도 충분히 여유로움을 만끽할 수 있지만, 조금 더 편안하고 풍성한 시간을 보내고자 한다면 68m² 넓이를 자랑하는 코너 스위트룸을 선택하는 것도 좋겠다. 거실과 침실이 분리되어 아이와 함께한 투숙객에게 제격이라고. 무엇보다 3면의 전면 창을 통해 주변의 풍경을 파노라마로 즐길 수 있어, 뷰를 중요하게 여기는 투숙객에게 특히 인기가 많다.

욕실 어메니티로는 영국 왕실이 오래도록 사랑한 럭셔리 향수 브랜드 펜할리곤스(Penhaligons) 제품을 제공한다. 아이와 함께 투숙한다면 요청에 따라 유아 전용 어메니티도 따로 제공받을 수 있는데, 줄리아루피(Juliealoopy) 또는 메종 드 베베(Maison de Bebe) 등 여러모로 검증된 국내 브랜드 제품을 제공해 안심하고 사용할 수 있다고. 그 외에도 다양한 유아용품을 구비하고 명실상부 국내 최고 키즈 프렌들리 호텔의 면모를 보여주니, 이번 호캉스만큼은 파라다이스시티를 선택해보는 것은 어떨까.

Dining
캐주얼부터 파인 다이닝까지, 고르는 재미가 있는 파라다이스시티 다이닝

제아무리 호캉스라고 해도 그것이 아이와 함께하는 것이라면 엄마와 아빠의 고민은 끝이 없다는 슬픈 사실. 식사 시간이 되면 더더욱 그럴 것이다. 입 짧은 아이들을 이끌고 끼니때마다 호텔 레스토랑 투어를 할 수도 없는 법이니까. 그러나 파라다이스시티에서라면 당신의 고민도 조금은 줄어들 수 있을 것 같다. 먹는 것에 있어서도 선택의 폭이 넓기 때문.

2개의 호텔과 다양한 시설이 한데 어우러진 만큼 이곳에는 푸드 코트나 캐주얼 레스토랑처럼 부담 없이 즐길 수 있는 다이닝 스폿이 즐비하다. 이들을 만나고자 한다면 로비에서 이어지는 쇼핑 플라자로 가야 한다. 다이닝 딜라이트 푸드홀(11:00~21:00)은 푸드 코트 형태로 운영하는 곳으로, 아비꼬, 콘타이, 낙원라멘 등 익숙하고 부담 없는 식당의 다양한 메뉴를 모두 만나볼 수 있다. 열린 공간으로 이루어져 칭얼대거나 산만한 아이들과 함께여도 눈치 볼 필요가 없다는 점은 많은 엄마들에게 적잖은 안도감을 줄 것이다. 그 외에도 봉피양(11:30~21:00), 폴리스피자(월~

금요일 11:30~22:00, 토~일요일 12:00~22:00), 폴바셋(10:00~21:00) 등 다양한 프랜차이즈 매장과 호텔의 직영 매장이 있으니, 여러 선택지와 함께 더욱 즐거운 식사 시간을 누려보자.

파라다이스가 엄선해 선보이는 호텔의 파인 다이닝 스폿도 놓칠 수 없는 일. 부담스럽지 않은 적당한 무게감과 분위기에 가성비까지 훌륭한데 이탈리아 본연의 맛까지 포기하지 않았다는 이탈리안 레스토랑 라 스칼라(12:00~15:00, 18:00~22:00), 싱가포르에서 시작해 전 세계에 20곳이 넘는 식당을 운영 중인 광둥 레스토랑 임페리얼 트레져(12:00~15:00, 18:00~22:00) 등을 한 번쯤 들러보는 것도 좋겠다. 여행을 떠나는 마음으로 미슐랭 스타 레스토랑의 딤섬 한 점을 입에 넣어본다면 품격 있는 호캉스가 완성될지도 모른다.

Facilities
이보다 더 풍성할 수 없다!
온갖 즐거움을 만끽할 수 있는 파라다이스시티

파라다이스의 객실에서 넉넉한 편안함을 누렸다면 이제 그 막강한 부대시설과 함께 오롯한 즐거움을 경험해볼 시간. 있어야 할 것은 당연히 있고, 없을 것 같은 것까지 모두 갖춘 파라다이스시티의 시설을 차례로 마주해보자. 잠깐, 마음을 단단히 먹자! 너무도 많아서 쉬이 끝나지 않을 테니까.

먼저 파라다이스시티의 상징과도 같은 수영장으로 가보자. '호텔 & 리조트'라는 명칭과 동북아 최초의 복합 리조트라는 수식어에 걸맞게 이곳 수영장은 실내와 실외 모두 여유롭고 풍성하게 준비되어 있다. 호화롭고 고급스러운 로커 룸을 지나 먼저 마주하게 되는 곳은 인도어 풀(07:00~21:00). 23m 길이를 자랑하는 메인 풀과 서로 다른 두 가지 수심으로 안전함을 더한 키즈 풀, 이에 더해 아웃도어 풀로 직결되는 또 하나의 풀과 자쿠지가 공간을 호화롭게 채운다. 무엇보다 아웃도어 풀이 내다보이는 파노라믹 윈도와 광활한 천장을 통해 자연광을 가득 받아들여 실내지만 전혀 답답함이 느껴지지 않는다는 것이 장점

이다. 휴양지의 아우라를 오롯이 풍기는 아웃도어 풀(09:00~19:00)도 함께 즐겨보자. 중앙에 자리 잡은 2개의 메인 풀과 6개의 크고 작은 자쿠지, 점차적으로 수심이 깊어지는 원형 키즈 풀까지 함께 보유한 다양함과 풍성함은 라스베이거스의 어느 특별한 리조트를 떠올리게 하고도 남는다. 선베드를 비롯한 편의 시설은 실내와 실외를 가리지 않고 모두 넉넉하게 마련되어 있지만, 투숙객이 많은 경우 자리를 잡기 위한 눈치 싸움도 종종 필요하다고. 조금이라도 여유롭게 수영장을 이용할 거라면 체크인이나 조식 시간 직후가 좋다. 조금만 일찍 움직인다면 마음에 드는 위치의 선베드를 선점할 수 있다.

비교를 불허하는 파라다이스시티의 키즈 존(일~목요일 09:00~18:00, 금~토요일 09:00~21:00) 또한 특별하다. 지구를 콘셉트로 한 구형의 커다란 포켓 스페이스, 문어 모양의 미끄럼틀과 함께 다양한 놀잇감과 교구가 아이들을 기다린다. 구색만 갖춘 여느 호텔의 키즈 룸과는 차원이 다르단다. 웬만한 키즈 카페를 떠

오르게 할 만큼 공간도 넓고 구성도 알차서 아이들은 물론 함께 찾은 엄마와 아빠의 만족도도 높은 편이라고. 키즈 존을 마주한 옥상정원에는 작은 놀이터와 함께 모래 놀이장도 마련되어 있다. 유료 시설이기는 하지만 VR 게임이나 볼링, 포켓볼 등을 즐길 수 있는 게임 존인 사파리 파크(09:00~18:00)도 인기. 특히 어린아이도 안전하게 이용할 수 있도록 작고 가벼운 볼링공까지 마련한 세심함을 엿볼 수 있다.

유아 동반이 가능한 클럽 라운지는 없지만 별도의 패밀리 라운지(09:00~18:00, 프로그램에 따라 다름)를 운영한다는 사실은 새삼 반갑다. 가족 단위로 담소를 나눌 수 있는 소파가 놓여 있는데, 원래 멤버십 라운지로 이용되던 곳이어서 공간이 여유롭고 고급스러운 분위기를 풍긴다. 수유실 등 아이들을 케어하는 데 필요한 공간도 따로 마련되어 있으며, 시즌에 따라 어린이 출판사 등과의 컬래버레이션을 통해 새로운 공간으로 변모한다고 하니 더욱 매력적으로 다가온다.

이토록 차고 넘치는 파라다이스시티의 부대시설을 모두 만나보고 나니, '늬들이 뭘 좋아할지 몰라 다 준

비해봤어'라는 옛 유행어가 떠오르는 것도 같다. 함박웃음을 지으며 파라다이스시티를 떠날 아이들의 밝은 표정이 눈에 선하다.

당신의 호캉스는 계속되어야 한다!
다양한 즐거움이 담긴 리조트 스페이스

파라다이스시티에 '독보적'이라는 수식어를 붙일 수 있는 이유, 이는 호텔 그 자체에 있기도 하지만 그와 함께 어우러진 다양한 공간 때문이기도 할 것이다. 오래도록 달려 외딴섬 끝자락까지 찾아온 당신, 더할 나위 없는 시간을 위해 이제 그 공간들을 만나보자. 당신의 호캉스는 아직 끝나지 않았다.

유러피언 스파 씨메르(10:00~22:00, 시즌에 따라 다름)는 풍성한 놀이 공간과 여유로운 스파 & 사우나 공간이 어우러진 초대형 찜질방이다. 말이 찜질방이지 럭셔리 워터파크에 더 가깝달까. 워터 플라자와 아쿠아 클럽, 다양한 슬라이드와 아웃도어 인피니티 풀을 품은 아쿠아 존과 편백나무 룸, 아이스 룸 등이 있는 스파 존 등으로 다채로운 액티비티가 가능하다. 씨메르의 다양한 즐거움이야 두말할 나위 없지만 미취학 아동은 입장이 제한된다는 점이 아쉽다. 씨메르 대신 아이들에게 즐거움을 선사해줄 곳은 실내 테마파크 원더박스(11:00~19:00)다. 보랏빛 마법이 펼쳐질 것 같은 원더박스 안에는 10가지 어트랙션과 게임 부스, 기프트 숍 트롤리 등이 옹기종기 모여 있다. 협소한 감이 있지만 그만큼 동선이 짧아 효율적으로 시간을 보낼 수 있어 어린아이들과 함께라면 더욱 좋다고. 규모는 작지만 퀄리티만큼은 어디에도 뒤지지 않는 카니발 퍼레이드도 볼만하다.

그 외에도 쇼핑 플라자와 아트 스페이스(10:00~20:00, 멤버십 가입 시 무료입장)가 호텔 로비와 맞닿아 투숙 중 언제라도 편하게 찾아갈 수 있다. 사는 재미에 더해 보는 재미까지 맛볼 수 있는 다양한 편집숍과 함께 제프 쿤스, 데미안 허스트같이 세계적인 스타 조각가들의 작품을 품은 갤러리도 찾아가보자. 그 안에서 여유로운 시간을 보내는 것만으로도 꽤 근사한 가족 여행이 완성될 것이다.

이 시설들은 호텔 부대시설이 아니므로 모두 유료로 운영한다. 다만 풍성한 할인 혜택이 담긴 다채로운 패키지 상품을 내놓고 있으므로, 조금 더 스마트하고 알뜰한 여행을 누리고자 한다면 공식 홈페이지를 눈여겨보자.

마지막으로 약 33,000㎡에 달하는 쌍월인 광장과 정원을 거니는 즐거움 또한 놓치지 말자. 애니시 커푸어, 이용백 등 명성 있는 작가의 작품을 눈에 담으며 조경 설계의 거장이 손수 디자인한 정원을 여유롭게 걸어보는 것은 그 자체로 힐링이 되리니. 집으로 돌아가면 이내 다시 시작될 육아 전쟁을 위해 싱그러운 공간으로 들어가 몸과 마음을 다독이는 건 어떨까.

PIC A PIC!

호캉스의 추억을 오래도록 간직해줄 포토 스폿을 모으고 모았다!
결국 남는 것은 사진뿐. 호캉스의 시간을 찍고 찍고 또 찍어보자.

📷 쿠사마 야요이 **자이언트 펌프킨**

파라다이스시티의 수많은 예술 작품 중 가장 인기
가 높은 노란 호박. 아트리움 한가운데에 위치한다.
이 호박과 함께 사진 찍는 것은 마치 의식처럼 당
연한 일이 되었다고.

📷 수보드 굽타 **RAY**

북쪽 정원의 주인공 수보드 굽타의 'RAY'도 만나보
자. 반짝거리며 쏟아져 내리는 냄비와 주전자, 프라
이팬 작품은 사진발도 꽤 잘 받는다.

📷 이토록 몽환적인 **파라다이스 워크**

호텔과 쇼핑 플라자를 잇는 공간에 설치된 작품이자
공간 자체. 시시각각 변화하며 쏟아져 나오는 빛과
음악을 통해 특별한 경험을 할 수 있다.

📷 옥상을 지키는 거대 조각상 **괴테**

플라자 3층에 위치한 스카이파크에서 괴테를 만나
보자. 독보적인 크기와 생김새는 아이들의 시선을
사로잡고도 남는다.

Plus Tip : 이것도 놓치지 말자!

✛ 객실 내 아기용품은 최대한 빨리 요청하자!

키즈 프렌들리 호텔의 대명사답게 아기 욕조와 유아용 변기, 스텝퍼 등 다양한 유아용 어메니티를 구비한 파라다이스시티. 다만 가족 단위 투숙객이 많이 찾는 만큼 사전에 예약하지 않으면 모두 동나버려 이용할 수 없는 경우가 많다고. 아이들과 함께 투숙하는 데 꼭 필요한 물품이라면 예약 직후 전화로 미리 요청해두자. 부지런한 사람의 호캉스가 더욱 완벽한 법이다.

✛ 3개의 윙, 6개의 경관, 당신의 선택은?

파라다이스시티의 객실동은 골드, 레드, 퍼플 등 3개의 윙이 방사형으로 펼쳐진 형태를 하고 있다. 그런 만큼 다양한 경관을 품고 있지만 전반적으로 건물이 높지는 않아, 특별히 요청하지 않는 경우 호텔 부대시설의 지붕만 보이는 객실을 배정받을 수 있다. 그러니 예약을 완료했다면 무조건 높은 층의 방을 요청하자.

인천공항의 활주로, 영종도의 해변, 호텔의 아웃도어 풀과 정원 등은 파라다이스시티 객실에서 조망할 수 있는 주요 경관 포인트. 객실 위치에 따라 마주하는 풍경도 달라지니, 원하는 것을 꼭 집어 요청하는 것이 좋다.

공항으로 떠나는 여행 같은 호캉스

Grand Hyatt Incheon

그랜드 하얏트 인천

#인천공항뷰 #활주로야경은덤 #수영장만3개 #유아동반라운지

여행이 시작되고 끝을 맺는 곳, 공항. 그 공항
이 목적지인 여행은 어떨까. 여기 대한민국
의 관문인 인천국제공항을 오롯이 마주한
특급 호텔이 있으니, 그 이름 그랜드 하얏트
인천. 2003년 문을 연 이스트 타워와 2014년
지은 웨스트 타워를 통틀어 객실만 1000실
이 넘고, 거대한 규모만큼 화려한 부대시
설과 훌륭한 즐길 거리를 갖추고 여행
자를 향해 손짓한다.

무엇보다 아이를 위한 시설이 풍부하고,
객실 창 너머로 연신 뜨고 내리는 비행기를
볼 수 있어 아이와 함께하는 호캉스족에게
더없는 만족을 선사하는 곳. 당신의 여정이
고작 공항 앞까지면 어떤가. 여행의 설렘이
묻어나는 공항을 마주 보며 당신과 가족의
기분도 하늘을 날게 될 테니, 지금 영종도로
향하자. 당신의 여행이 거기서 다시 시작
된다.

INFO

성급	★★★★★
체크인·아웃	15:00/11:00
요금	₩170,000~
추천	3~9세
주소	인천시 중구 영종해안남로321번길 208
홈페이지	www.grandhyattincheon.com
전화번호	032-745-1234

1 : 공항을 바라보며 여행의 꿈을 꿔보자! 공항 전망 객실의 특별함

인천공항에서 가장 가까운 특급 호텔, 바로 그랜드 하얏트 인천이다. 객실 전면을 가득 채운 통유리창 너머, 쉴 새 없이 뜨고 내리는 비행기를 바라보는 것은 엄마, 아빠에게는 힐링이고 아이에게는 대체 불가능한 즐거움이 될 터. 낮에도 물론 그렇지만 공항 풍경은 밤이 더욱 아름답다고 하니 이 또한 놓쳐서는 안 되겠다. 활주로를 박차고 날아오르는 비행기를 배경 삼아 인증샷 한 장쯤 남기는 것도 좋다. 해외여행이 거의 불가능해진 요즘, 그랜드 하얏트 인천에서의 꿈 같은 하룻밤 여행으로 모든 아쉬움을 날려보자.

2 : 호텔은 하나, 그러나 수영장은 셋, 아낌없이 누려보는 그랜드 하얏트 인천

2003년과 2014년, 두 번의 그랜드 오픈을 거쳐 지금의 모습을 갖추게 된 그랜드 하얏트 인천. 객실 수만도 1024개에 달하니 부대시설 또한 그만큼 다양하고 방대하다. 아이와 함께하는 호캉스에서 결코 빼놓을 수 없는 수영장은 규모와 성격에 따라 세 곳이나 마련되어 있다. 무엇보다 각 수영장이 놀이터와 휴식 공간을 갖춘 옥상정원과 바로 연결된다고 하니 더욱 여유로운 휴식을 즐길 수 있으리라. 다양한 선택이 가능한 그랜드 하얏트 인천의 수영장을 아낌없이 누려보자.

3 : 아이와 함께 즐기는 그랜드 클럽 라운지

클럽 룸과 이그제큐티브 룸 객실 투숙객에게 제공하는 클럽 라운지 서비스는 때때로 아이와 함께 여행하는 가족 단위 호캉스족에게 단비와도 같은 혜택을 선사한다. 문제는 유아 동반 입장이 가능한 클럽 라운지를 운영하는 특급 호텔이 많지 않다는 것. 전국을 통틀어 한 손에 꼽을 수 있을 만큼 귀하다 보니, 그랜드 하얏트 인천의 클럽 라운지가 가족 단위 투숙객에게 인기가 높은 것은 어쩌면 당연한 일. 서쪽 하늘과 여행 기분 선사하는 공항 풍경을 두 눈에 담으며 '해피아워'를 만끽해보자. 배도 부르겠다, 마침 잠에 빠진 '효심 지극한' 아이가 있다면 엄마와 아빠만의 여유롭고 로맨틱한 시간을 기대해볼 수 있을 터다.

Rooms & Amenities
당신의 선택의 폭을 넓혀주는
이스트 타워와 웨스트 타워 객실

그랜드 하얏트 인천의 객실을 선택하기 위해 가장 먼저 해야 것은 11년의 시간 차를 두고 지은 이스트 타워(2003)와 웨스트 타워(2014)의 차이에 대해 잘 알아두는 일이다. 특급 호텔답게 전 객실이 잘 관리되고 있지만, 요금 차이를 감안하더라도 이스트 타워보다는 웨스트 타워의 신형 객실을 선택하는 편이 여러 모로 좋을 듯하다. 웨스트 타워의 기본 객실은 디럭스로 38㎡ 이상의 비교적 넓은 면적을 자랑하며, 이스트 타워 객실에 비해 창이 커서 조망 또한 훌륭하다. 단, 디럭스 객실에서는 공항을 볼 수 없기 때문에 공항 전망 객실 또는 상위 객실을 선택해야 인천공항의 야경을 마주할 수 있다.

여유가 있다면 제법 괜찮은 가성비를 자랑하는 스위트 객실을 선택해보는 것도 좋겠다. 기본 객실과는 달리 마룻바닥으로 이루어져 아이와 함께 묵는 투숙객에게 특히 인기 만점. 그랜드 디럭스 스위트 킹(74㎡), 그랜드 디럭스 이그제큐티브 스위트(95㎡) 등의 객실은 클럽 라운지 입장 혜택을 제공하고, 전망이 있

는 욕실 등을 갖춰 더욱 여유롭고 호사스러운 시간을 선사한다. 클럽 라운지 혜택에 관심이 없다면 공간은 넓으면서도 요금은 '착하디착한' 레지던스 룸(85~103㎡)을 눈여겨보자. 온전한 다이닝 스페이스가 당신과 아이의 호캉스를 더욱 편안하게 할 테니까. 욕실용품은 프랑스 명품 발망(Balmain) 제품을 제공하며, 아이들을 위한 어메니티는 무스텔라(Mustella) 또는 그린 핑거 제품을 제공한다.

온전한 쉼에 제격, 풍성하게 준비된 수영장과 그랜드 클럽 라운지

객실을 선택하느라 고민에 고민을 거듭한 당신, 이제 수영장이다. 호텔의 규모가 큰 만큼 그랜드 하얏트 인천에서는 모두 세 곳의 수영장을 만나볼 수 있다. 성인용 풀(06:00~22:00)은 이스트 타워와 웨스트 타워에 한 곳씩 마련되어 있는데, 길이가 각각 25m와 20m이며 공간도 꽤 넓어 성수기에도 이용객 밀도가 비교적 낮은 편. 어린이 전용 풀(주말 및 공휴일, 성수기 10:00~19:00)이 따로 준비되어 있다는 점은 아이와 함께 투숙하는 호캉스족에게 가장 반가운 소식일 터. 수심은 0.6~1.1m, 수온도 비교적 따뜻하게 유지해 아이들이 오랫동안 시간을 보내도 안심할 수 있을 것 같다. 세 곳의 수영장 모두 개폐형 전면 창과 층고 높은 천창을 갖추어 밝은 분위기 속에서 찬란한 햇살을 만끽하며 수영을 즐길 수 있다. 무엇보다 각 수영장은 2층 옥상정원을 통해 서로 연결되는데, 초록 공간과 풀사이드 바, 어린이 놀이터가 옹기종기 모여 있어 엄마, 아빠는 물론 아이들에게도 근사한 쉼의 시간을 제공해준다니, 그랜드 하얏트 인천의 2층을 속속들이 즐

겨보는 것은 어떨까.

클럽 룸과 스위트룸 투숙객이라면 누구나 무료로 이용할 수 있는 그랜드 클럽 라운지는 더욱 편안하고 여유로운 휴식을 가능하게 하는 그랜드 하얏트 인천의 보배로운 공간이다. 호텔에서 가장 높은 웨스트 타워 12층에 자리한 클럽 라운지에서는 근사한 공항 전망과 함께 차 한잔이나 가벼운 핑거 푸드를 즐길 수 있고, 간단한 조식(07:00~09:00) 서비스를 제공받을 수도 있다. 클럽 라운지의 꽃이라 할 수 있는 이브닝 칵테일(월~수요일 17:30~19:30, 목~일요일 17:30~18:50 · 19:10~20:30) 시간에는 맥주, 와인, 위스키 등의 주류와 함께 몇 가지 핫 푸드를 제공하니 여유로운 저녁 식사를 하기에 충분하다. 어린 자녀도 자유롭게 입장할 수 있다는 점이 그랜드 하얏트 인천 클럽 라운지의 장점이지만, 만 6세 이상 어린이는 별도 요금(1인 38,500원, 금 · 토요일 · 공휴일 55,000원)을 지불해야 한다는 점이 다소 아쉽다.

Dining
그랜드 카페에서 즐겨보는 완벽한 아침 식사

다른 특급 호텔에 비해 다이닝 섹션이 취약하다고 평가받는 그랜드 하얏트 인천이지만, 메인 뷔페 레스토랑인 그랜드 카페(조식 월~금요일 06:30~10:00, 토·일요일 06:30~10:30)에서만큼은 더할 나위 없이 만족스러운 식사를 맛보게 될 것이다. 베이커리와 과일, 그린 샐러드 등 기본 조식 메뉴가 탄탄하며, 한식도 꽤 풍성하다. 생선류와 맵지 않은 조림 반찬, 맑은 국 등 아이에게 먹이기 좋은 메뉴도 다양하고, 두부김치나 순두부 등 호텔 뷔페 레스토랑에서 만나게 되리라고는 상상도 하지 못한 메뉴를 마주하는 즐거움 또한 쏠쏠하다.

룸서비스는 동급 호텔 대비 가성비 좋기로 유명하다. 흠잡을 데 없는 다양한 특급 호텔 음식을 객실에서 편안하게 먹을 수 있으면서도 가격대는 시중 중급 식당과 비교될 만큼 합리적이어서, 어린 자녀와 함께 투숙하는 호캉스족에게 특히 인기 있다.

Services & ETC
아이들과 함께라서 더욱 좋다,
패키지로 즐기는 그랜드 하얏트 인천

세심하고도 따뜻한 서비스와 함께 '키즈 프렌들리 호텔'로 소문이 자자한 그랜드 하얏트 인천. 이러한 명성에는 다양한 패키지 상품과 크고 작은 서비스가 톡톡한 역할을 한다.

먼저 계절에 따라 운영하는 다양한 패키지 상품은 아이와 함께하는 투숙을 더욱 풍성하게 만들어주는 선물과도 같은 존재. 7월과 8월에 운영하는 '섬머 스플래쉬'는 크고 작은 에어 바운서를 설치한 전용 풀에서 수영과 함께 여러 게임을 즐길 수 있는 여름 호캉스의 백미. 또 봄에 만나볼 수 있는 '패밀리 피크닉' 패키지는 호텔 투숙과 함께 영종도 이곳저곳을 둘러볼 수 있는 패키지로, 연령대 높은 아이들과 함께인

가족 투숙객에게 특히 인기가 많다.

그 외에도 닌텐도 스위치를 대여하는 등 아이를 위한 크고 작은 배려를 경험할 수 있으니, 이쯤 되면 아이와 함께 그랜드 하얏트 인천을 찾아야 할 이유는 충분할 듯하다.

_{추천} 반나절 여행 코스

체크아웃 ➡ 인천공항 자기부상철도 ➡ 마시안해변 ➡ 하늘정원 ➡ BMW 드라이빙 센터

인천공항 자기부상철도

인천공항1터미널역과 용유역을 잇는 총 연장 6.1km의 자기부상철도로 현재는 시범 운영 중이다. 이스트 타워 바로 앞에 위치한 합동청사역에서 탑승하면 인천국제공항 제1터미널로 이동하거나, 용유역을 통해 마시안해변으로 갈 수 있다. 제한적으로 운행하므로, 탑승 시간에 주의하자.

시간 첫차 07:33, 막차 19:09(코로나19로 단축 운영) | **가격** 무료

마시안해변

왕산, 을왕리, 용유도, 마시안 등 영종도를 대표하는 4개의 해안 중 해안선 길이가 가장 긴 해변으로 최남단에 위치한다. 가볍게 찾아가 낙조를 즐기는 것도 아이들과 함께라면 물때에 맞춰 갯벌 체험을 해보는 것도 좋겠다. 체험료를 지불하면 장화, 호미 등을 대여할 수 있다.

주소 인천시 중구 마시란로 107-8 | **시간** 물때에 따라 다름 | **체험료** 어른 10,000원, 어린이 3,000~5,000원

하늘정원

인천국제공항 동측 활주로 남단에 위치한 정원. 공항에 착륙하기 위해 저공, 저속으로 비행하는 항공기를 가까이에서 볼 수 있다. 정원 자체의 볼거리는 적은 편이지만, 코스모스가 흐드러지게 피는 가을 풍경만큼은 압권이다.

주소 인천시 중구 운서동 2848-6 | **시간** 24시간

BMW 드라이빙 센터

BMW의 다양한 차종을 갖춘 쇼룸과 함께 레이싱 코스가 있어 직접 BMW를 시승할 수 있는 일종의 체험 센터. 아이들이 전동 카트를 타고 운전과 교통 관련 상식을 배우는 키즈 드라이빙 스쿨 프로그램도 체험해볼 수 있다.

주소 인천시 중구 공항동로 136 | **시간** 09:00~18:00, 키즈 드라이빙 스쿨 09:30 · 11:00 · 13:00 · 14:30 · 16:00 | **가격** 키즈 드라이빙 스쿨 5~7세 7,000원 | **홈페이지** www.bmw_driving_center.co.kr

디자인 호텔에서 즐기는 품격 있는 호캉스

Nest Hotel Incheon

네스트 호텔 인천

#키즈존 #패밀리룸 #인피니티풀

HOTEL

서울에서 멀지 않은 거리, 아름다운 갈대숲 사이에 거대한 콘크리트 건물이 들어서 있다. 전형적인 호텔 건물과는 차별화된 모습의 네스트 호텔 인천이다. 건물 외관뿐 아니라 7m의 층고를 자랑하는 로비와 서해 의 파노라마 뷰를 즐길 수 있는 레스토랑, 구 조가 다양한 객실까지, 트렌디 디자인 호텔 이라는 명성에 걸맞은 품격을 보여준다. 오픈 직후 국내 호텔 최초로 '디자인 호텔스' 멤버에 합류하면서 독창적인 인테리어를 인정 받기도 했다. 인천국제공항과 자기부상열차 로 연결되어 해외여행을 가는 듯한 기분으로 호캉스를 즐길 수 있다는 것도 큰 장점이다. 바다와 하늘이 맞닿은 듯한 느낌의 인피니티 풀과 넓은 잔디가 펼쳐져 있는 아웃도어 키즈 존, 프라이빗 해변까지. 아름다운 자연 을 느끼며 평온한 휴식을 즐기고 싶은 가족 여행객에게 네스트 호텔은 둥지(nest) 같은 편안함을 제공해줄 것이다.

INFO

성급	★★★★★
체크인·아웃	15:00/11:00
요금	₩160,000~
추천	2~6세
주소	인천시 중구 영종해안남로 19-5
홈페이지	www.nesthotel.co.kr
전화번호	032-743-9000

1 : 아이는 물론 엄마, 아빠에게도 최고의 힐링 공간

미끄럼틀, 주방 놀이, 퍼즐과 자동차까지 아이들이 좋아하는 놀잇감이 가득한, 아이들을 위한 세상이다. 덕분에 거의 모든 아이들이 한번 들어가면 나올 생각을 하지 않는다는 사실.

아이가 신나는 놀이를 즐길 동안 엄마, 아빠는 그저 편안한 빈백 소파에 앉아 커피 한잔의 여유를 즐기면 된다. 아이는 물론 엄마, 아빠에게도 꿀 같은 시간이다.

2 : 자연 속에서 안전하게 즐기는 모래 놀이터

끊임없이 이어지는 파도에 행여 아이가 위험해지거나 새로 갈아입힌 옷이 젖어버릴까 걱정할 필요가 없다. 바다와 바로 붙어 있지만 높은 지대에 위치해 어린아이들도 안심하고 모래 놀이를 즐길 수 있다. 고운 모래를 매만지며 가족 모두가 모래성을 쌓아보는 건 어떨까? 호텔 컨시어지에 요청하면 무료로 모래 놀이 장난감을 대여해준다.

3 : 서해가 파노라마 뷰로 펼쳐지는 인피니티 풀

푸르른 바다를 마주하고 있어 환상적인 오션 뷰를 자랑한다. 인피니티 풀 끝에 서면 넓은 바다 한가운데 떠 있는 듯한 느낌이 들기도 한다. 365일 온수로 운영해 계절에 상관없이 야외 수영을 즐길 수 있다는 것도 큰 장점이다. 늦은 오후 온 세상을 빨갛게 물들이는 아름다운 일몰을 가장 잘 볼 수 있는 곳이기도 하다.

Rooms
자연을 조금 더 가까이, 그리고 편하게 느낄 수 있는 객실

호텔에 들어선 순간부터 가장 오래 머무는 곳은 다름 아닌 객실이다. '평온한 머묾'을 지향하는 네스트 호텔은 객실 전면의 유리창 각도를 사선으로 틀어 객실 깊숙이 햇살이 쏟아지도록 설계했다. 커다란 유리창을 통해 서해 풍광이 시원하게 펼쳐지고 바다 너머 아름다운 노을을 감상할 수 있다. 스탠다드 룸부터 파노라마 스위트까지 전 객실에 테라스가 마련되어 있다.

네스트 호텔의 시그니처 룸은 디럭스 트윈 벙커 룸이다. 객실로 들어서면 가장 먼저 커다란 침대가 눈에 들어오는 일반적인 객실과 다르게 벽면을 따라 놓인 널찍한 소파가 눈에 들어온다. 객실 가장 안쪽, 전면 유리창 앞에 침대가 놓여 있는 독특하고 차별화된 구조다. 객실 내 다른 공간과 완벽히 분리된 느낌이다. 덕분에 아름다운 자연을 조금 더 가까이, 그리고 편하게 감상할 수 있다. 예약 시 선택하는 뷰에 따라 시 사이드 뷰에서는 서해의 일출을, 마운틴 뷰에서는 일몰을 감상할 수 있다. 벽 안쪽에 공간을 마련해 설치

한 싱글 베드 역시 평온한 휴식을 중요하게 생각하는 네스트 호텔의 아이덴티티가 느껴진다. 벙커 침대는 아늑한 다락방에 누워 있는 듯한 느낌을 주어 아이들이 특히 좋아하는 공간이기도 하다.

스탠다드 룸과 디럭스 패밀리 룸 욕실에는 욕조 없이 샤워 부스가 설치되어 있다. 욕조가 있는 객실을 원한다면 디럭스 트윈 혹은 더블, 스위트룸을 예약해야 한다. 욕조 앞에는 기다란 창을 설치해 멋진 풍경을 감상하며 여유로운 목욕을 즐길 수 있다. 욕조가 딸린 객실에는 사해 소금을 비치했다.

2

아이들을 위한 다양한 놀이 공간

날씨에 상관없이 쾌적하게 이용할 수 있는 인도어 키즈 존과 천연 잔디 위에 세운 아웃도어 키즈 존이 있다. 아이들과 함께 방문한 가족을 위한 공간으로 투숙객이라면 추가 금액 없이 자유롭게 이용할 수 있다. 두 곳의 키즈 존 모두 엄마, 아빠가 편하게 쉴 수 있는 공간을 갖추어 아이들은 물론이고 부모에게도 완벽한 힐링의 시간이 되어준다.

인도어 키즈 존은 안전하기로 소문난 놀이방 매트 브랜드 크림하우스 제품으로 꾸몄다. 아이들은 미끄럼틀과 볼 풀장, 책과 교구 등 다양한 장난감을 자유롭게 이용할 수 있다. 바닥이 푹신한 것은 물론이고 볼 풀장 역시 매트로 이루어졌기 때문에 어린아이들이 넘어지거나 부딪쳐도 안심이다. 이용 대상 연령은 2~6세로 7세 이상 아이들에게는 다소 시시하게 느껴질 수도 있다. 7세 이상 어린이에게는 아웃도어 키즈 존을 추천한다.

초록의 잔디밭 위에 위치한 아웃도어 키즈 존은 유럽을 비롯 해외에서 다양한 상을 수상한 바 있는 씨더

웍스(Cedar Works)의 플레이 하우스로 꾸몄다. 그네와 시소, 나무집 등을 오가며 자연 속에서 마음껏 뛰어놀 수 있어 활동적인 아이들에게 특히 추천한다.

아웃도어 키즈 존과 연결된 산책로를 따라 걷다 보면 반달 모양의 모래사장이 있는 프라이빗 비치가 등장한다. 바닷물에 직접 들어가 해수욕을 즐기기는 어렵지만 고운 모래를 열심히 매만지며 멋진 모래성을 만들 수 있다. 호텔 컨시어지에 요청하면 모래 놀이 장난감을 무료로 대여해준다.

• 인도어 키즈 존
위치 | L층 프런트 데스크 뒤편
운영 시간 | 08:00~20:00

Facilities

바다와 하늘이 맞닿은 인피니티 풀 스트란트

수평선과 맞닿아 바다 한가운데 떠 있는 듯한 느낌을 주는 사계절 인피니티 스파 풀로, 1년 365일 온수로 운영한다. 총 길이 25m에 달하는 인피니티 풀을 메인으로 작지만 조용하게 즐길 수 있는 코지 풀, 42℃ 이상의 온수로 운영하는 스파 풀, 수심 0.9m로 아이들과 이용하기 좋은 키즈 풀까지 총 4개의 풀이 있다. 추운 겨울에도 체온을 유지할 수 있는 핀란드 사우나 시설도 갖추었다. 인피니티 풀은 성인 보호자를 동반한 경우 어린이 입장이 가능하다. 하지만 골드 시즌을 제외한 9~6월 저녁에는 17세 미만 어린이 및 청소년 입장이 제한된다. 아이와 함께 나이트 수영을 즐기고 싶다면 7~8월에 방문하는 것을 추천한다. 1년을 2개월씩 6개의 시즌으로 나눠 운영하며 시즌에 따라 이용 요금과 시간이 다르다. 모닝, 데이, 나이트로 나뉘기도 하고 1부와 2부로 나뉘기도 하니 정확한 이용 시간과 요금은 홈페이지에서 확인하면 된다. 7~8월 성수기인 골드 시즌의 경우 1부와 2부로 나누어 운영하며 입장 요금은 어른 55,000~65,000원이

다. 투숙객과 홈페이지 회원의 경우 할인 요금이 적용된다. 수영장 이용이 목적이라면 객실 예약 시 수영장 입장이 포함된 패키지를 선택해 예약하면 된다. 1인당 1장의 타월을 제공하며 선베드 역시 무료다. 카바나를 이용하려면 30,000~40,000원의 추가 요금을 내야 한다. 영·유아용 구명조끼는 무료로 대여할 수 있다. 대형 튜브를 제외한 튜브 반입이 가능하다.

Dining
서해의 일출을 파노라마 뷰로 즐길 수 있는 플라츠

바다를 향해 높고 기다란 유리창을 전면에 배치해 탁트인 뷰를 자랑한다. 덕분에 레스토랑 전체에 풍부한 햇살이 쏟아져 들어와 실내지만 답답한 느낌이 전혀 없다. 계단으로 공간을 분리한 인테리어로 어느 좌석에 앉아도 환상적인 오션 뷰를 만끽할 수 있다는 것도 큰 장점이다. 조금 서둘러 방문한다면 서해의 일출을 파노라마 뷰로 즐길 수 있다.

아침 식사부터 점심, 저녁까지 운영하는 올 데이 뷔페 레스토랑으로 식사 시간에 맞는 다양한 요리를 선보인다. 아침 뷔페는 특히 한식 메뉴가 다양해 아이의 식사를 챙겨주기에도 좋다.

점심엔 회와 초밥이 추가되며 쌀국수와 바비큐도 제공한다. 특히 달콤한 디저트 메뉴가 알차게 준비되어 있다. 저녁 뷔페에는 스테이크와 랍스터, 각종 해산물을 마음껏 맛볼 수 있다. 음식과 잘 어울리는 웰컴 샴페인을 제공하며 엄선된 와인 리스트도 갖추었다. 점심과 저녁 뷔페는 이용 시간이 달라지는 경우가 많다. 미리 호텔에 문의하거나 홈페이지의 운영 정보를 확인해 예약하는 것이 좋다. 10% 할인이 적용되는 플라츠 뷔페 상품권을 구입해 이용하는 방법도 추천한다.

• 이용 시간
조식 뷔페 | 06:30~10:30
런치 뷔페 | 12:00~14:30
디너 뷔페 | 18:00~21:00

• 요금
조식 뷔페 | 어른 39,800원(사전 예약 시 35,000원), 초등학생 19,900원, 48개월~7세 12,000원
런치 뷔페 | 월~금요일 어른 42,000원, 초등학생 21,000원 48개월~7세 13,000원/토·일요일·공휴일 어른 68,000원, 초등학생 34,000원 48개월~7세 21,000원
디너 뷔페 | 월~금요일 어른 68,000원, 초등학생 34,000원 48개월~7세 21,000원/토·일요일·공휴일 어른 79,000원, 초등학생 39,500원 48개월~7세 24,000원

아이의 끊임없는 떼와 울음에 가장 효과적인 것은 "자꾸 그러면 그냥 집에 갈 거야"라는 말일 거예요. 단호한 눈빛으로 한마디 하면 토라져서 삐죽대던 입술도, 닭똥같이 흘러나오던 눈물도 언제 그랬냐는 듯 쏙 들어가곤 하죠. 10대가 되어버린 아이에게는 금세 엄마의 협박이 진심이 아니라는 걸 들켜버리겠지만 이날은 아주 유용하게 활용했답니다.

여행 중독이라고 할 만큼 여행을 좋아하던 저는 아이가 태어난 다음 해부터 부지런히 아이와 여행을 떠나곤 했어요. 다행스럽게도 아이는 저를 닮아서인지 여행을 무척 좋아한답니다. 마음 편히 여행을 떠나는 일조차 사치가 되어버린 요즘은 지난 여행에서 담은 사진을 보며 수시로 추억 여행을 떠나곤 해요. 마스크 없이 친구들과 환하게 웃고 있는 사진 속 아이의 표정을 한참이나 들여다보았답니다.

아이가 돌이 되기 전부터 친하게 지내던 친구들과 매년 성장 앨범을 찍고 있어요. 어떤 해에는 스튜디오를 빌리기도 하고 어떤 해에는 한복을 입고 경복궁에 가기도 했어요. 아이가 여섯 살이 되던 해에는 네스트 호텔 인천에 숙박하며 다양한 배경으로 아이들의 사진을 남겨주었답니다. 키즈 존과 산책로, 수영장 등 호텔 곳곳이 멋진 배경이 되어주었지요. 똑같은 옷으로 맞춰 입으니 세쌍둥이 같더라고요.

네스트 호텔로 갈 때는 해외여행을 떠날 때와 마찬가지로 인천국제공항고속도로를 이용했어요. 인천국제공항 표지판이 보이니 마치 해외여행을 떠나는 것 같은 기분이 들더라고요. 호텔에서 차로 10분만 이동하면 공항에 도착하니 마음만 먹으면 비행기 구경도 실컷 할 수 있답니다. 저는 공항에 가는 대신 호텔 뒤쪽으로 뜨고 내리는 비행기를 한참 바라보았어요. 언제쯤 다시 떠날 수 있을까요?

PIC A PIC!

호캉스의 추억을 오래도록 간직해줄 포토 스폿을 모으고 모았다!
결국 남는 것은 사진뿐. 호캉스의 시간을 찍고 찍고 또 찍어보자.

📷 네스트 호텔과 찰칵! 호텔 입구 포토 존

호텔 입구 커다란 콘크리트 벽에 'Nest Hotel'이 음
각되어 있다. 디자인 호텔이라는 이름에 걸맞은 감
각적인 공간으로 호텔을 방문하는 거의 모든 투숙
객들이 기념사진을 남긴다. 호텔 이름 옆 쪽, 움푹
팬 공간에 앉아 찍는 것도 추천한다.

📷 인도어 키즈 존 크림하우스

아이들이 자연스럽게 웃고 뛰어노는 다양한 모습
을 사진으로 담기 더없이 좋은 장소. 날씨가 좋으
면 커다란 창으로 햇살이 가득 들어와 별도의 조명
이 필요 없다. 크림 컬러를 기본으로 핑크·민트·그
레이 컬러를 포인트로 한 밝은 배경 덕분에 반사판
효과를 얻을 수도 있다.

Plus Tip : 이것도 놓치지 말자!

+ 몸이 건강해지는 시간, 피트니스

유산소운동과 웨이트 트레이닝을 위한 기구를 갖추었다. 스파링 연습장과 샌드백이 있어 복싱 연습도 가능하다. 사이즈별로 다양한 운동화를 구비해 자유롭게 이용할 수 있지만 운동복과 양말은 직접 준비해야 한다. 투숙객이라면 무료로 이용할 수 있다. 객실 키를 이용해 입장하면 된다.

위치 3층
운영 시간 07:00~22:00

+ 노천탕이 있는 사우나

독립된 구조의 샤워 부스, 냉탕과 온탕이 자리한다. 문을 열고 나가면 외부와 차단된 고즈넉한 분위기의 노천탕이 있다. 사우나는 물론 노천탕 역시 투숙객에게 무료로 오픈한다. 만 4세 이상부터 입장 가능하므로 아이와 함께 이용할 수 있다. 샴푸와 컨디셔너, 스킨, 로션은 물론이고 헤어 에센스와 고데까지 준비되어 있다.

위치 3층
운영 시간 07:00~22:00(클리닝 시간 : 월요일 13:00~18:00)

+ 벤딩 머신

인도어 키즈 존 내부에 마련된 자동판매기를 통해 호텔 투숙 시 필요한 어메니티와 아이들이 좋아하는 스낵을 구입할 수 있다. 컵라면과 즉석죽 등의 간식도 있다. 객실 내 미니바를 이용하는 것보다 많은 비용을 절약할 수 있다.

위치 L층 인도어 키즈 존 내부

센트럴파크의 야경을 마주한 어느 특별한 하룻밤

Oakwood Premier Incheon

오크우드 프리미어 인천

#송도국제도시 #64층뷰는어떤느낌일까 #센트럴파크뷰 #시티뷰도제맛

HOTEL

우리나라에서 가장 이국적인 풍경을 자랑하는 곳, 송도국제도시. 웬만한 아파트도 50층이 훌쩍 넘는 마천루의 도시에서도 최고의 높이를 자랑하는 동북아 트레이드 타워의 가장 높은 곳. 거기 오크우드 프리미어 인천이 자리 잡고 있다.

오크우드 프리미어 인천의 객실은 모두 423실. 가장 높은 층은 64층에 달하고, 낮은 층도 38층이란다. 레지던스 특유의 여유롭고 넉넉한 객실과 그 안에서 마주하는 독보적인 조망으로 최고의 편안함과 특별한 순간을 선사하는 곳. 이웃 도시로 떠나는 일탈과도 같은 짧은 여행을 꿈꾸는 가족 여행자라면 지금 오크우드 프리미어 인천을 마음속에 품어보자. 송도국제도시의 이국적인 풍경과 싱그러움은 덤이다.

INFO

성급	★★★★
체크인·아웃	15:00 / 11:00
요금	₩170,000~
추천	0~6세
주소	인천시 연수구 컨벤시아대로 165
홈페이지	www.oakwoodpremier.co.kr
전화번호	032-726-2000

1 : 64층! 그 높이가 선사하는 독보적인 뷰를 누려라

자그마치 300m다! 오크우드 프리미어 인천의 가장 높은 곳에 묵는다면, 300m 높이가 선사하는 독보적 풍경을 오롯이 만끽하게 될 것이다. 혹 낮은 층에 배정되었대도 실망은 마시라. 가장 낮은 층이어도 38층에 달하니, 웬만한 높이의 호텔은 감히 비교 대상이 되지 못한다.

사실 오크우드 프리미어 인천이 특별한 이유는 높이 때문이기도 하지만, 송도국제도시 한가운데 위치한다는 지리적 이점도 간과할 수 없을 터다. 세모꼴 평면의 타워는 층마다 각각 시티 뷰, 파크 뷰, 오션 뷰 객실을 보유하고 있는데, 각각의 객실이 선사하는 개성 넘치는 풍경이 일품이라고.

2 : 유아 동반 투숙객이라면 레지던스의 여유로움과 편리함을 놓치지 말자

수영장에서 늘기엔 아직 어린 아이와 함께라면, 엄마, 아빠와 할아버지, 할머니가 함께하는 대가족의 호캉스라면, 여기 오크우드 인천이 제격! 객실 대부분이 레지던스 타입이어서 여느 호텔 객실보다 훨씬 여유롭고 넓은 공간은 기본이요, 거실과 침실 영역이 나누어져 오롯한 쉼의 시간을 보낼 수 있다.

무엇보다 스튜디오를 포함한 전 객실에 키친을 갖추어 아이를 위한 이유식 등을 직접 조리할 수 있고, 객실마다 드럼 세탁기가 있어 잦은 빨래가 필요한 유아 동반 투숙객이나 장기 호캉스족에게 더없이 편안한 시간을 선사한다고 하니, 오크우드 인천으로 떠나야 할 이유는 충분한 것 같다.

3 : 가족 단위 호캉스에 제격, 주변 환경과 인프라까지 완벽하다!

송도국제도시 한가운데에 위치한 오크우드 프리미어 인천. 인프라가 훌륭하고 살기 좋은 동네로 알려진 곳에 자리한 만큼 오크우드를 찾은 투숙객 또한 그 편리한 인프라를 마음껏 누릴 수 있다.

가장 먼저 주목할 것은 센트럴파크. 호텔 바로 앞에 위치한 이 공원에는 산책로와 한옥마을, 인공 수로 등이 한데 어우러져 있다. 산책로를 따라 여유로이 걷거나 인공 수로 위 유람선을 타고 이국적인 도시 풍경을 만끽해보자. 바로 옆에 롯데마트가 있다는 것 또한 빼놓을 수 없는 장점. 무엇보다 호텔과 마트 주차장이 지하로 연결되어 쉽게 양쪽을 오갈 수 있으니, 이 또한 당신의 호캉스를 더욱 편안하게 만들어줄 것이 분명하다.

Rooms & Amenities
독보적인 뷰와 독보적인 편안함을 선사하는 423개의 객실

도시의 마천루로 둘러싸인 이국적인 시티 뷰, 여의도 공원 2배 면적에 달하는 센트럴파크를 마주한 파크 뷰, 또 저 멀리 인천대교의 풍경을 내다볼 수 있는 오션 뷰까지. 어느 것 하나 버릴 것 없는 멋진 풍경이 423개의 객실 창 너머로부터 물밀 듯 밀려든다. 거실과 침실이 창을 면한 것은 기본이고 일부 객실의 경우 욕실까지 창을 면해 오롯한 도시의 야경과 함께 반신욕을 즐기는 하늘 위 호사를 누릴 수 있으리라.

오크우드 프리미어 인천이 자랑하는 423개의 객실은 동북아 트레이드 타워 38층부터 64층 사이에 빼곡히 들어차 있다. 객실 수가 많은 만큼 룸 타입도 다양한데, 크게는 침실과 거실이 하나로 이어진 스튜디오 타입과 침실을 별도 공간으로 구획한 스위트 타입으로 나뉜다. 38층부터 59층 사이에 자리 잡은 스튜디오 슈페리어 룸은 오크우드 인천에서 가장 작은 객실 중 하나. 그럼에도 면적이 40m²를 훌쩍 넘고 키친까지 품어, 웬만한 특급 호텔의 그것보다 훨씬 여유롭다고. 같은 스튜디오 타입이지만 한 단계 높은 디럭스나 디럭스 패밀리 룸(48m²~)을 선택한다면 조금 더 여유로운 공간을 누릴 수 있다.

거실과 침실이 분리된 객실에서 더욱 넉넉한 편안함을 경험해보고 싶다면 스위트를 선택해야 한다. 침실 수에 따라 1베드 룸 스위트(67~73m²)부터 4베드 룸 스위트(234m²)까지, 등급에 따라 슈페리어부터 프리미어까지 다양한 객실을 선택할 수 있다. 무엇보다 객실마다 배정된 층이 다르고 뷰도 다르며, 객실 레이아웃도 다르기 때문에 선택이 쉽지는 않겠지만, 인원에 따라 규모가 적당한 객실을 선택한 뒤 원하는 뷰를 요청하면 끝. 당신이 원하는 그 방을 바로 거기서 만나볼 수 있다. 어떤 객실을 선택하든 근사한 뷰를 만끽할 수 있고, 조리 시설과 다양한 생활 가전 등 편리함을 누릴 수 있으니, 지금 여기 오크우드 프리미어 인천으로의 여행을 꿈꿔보는 것은 어떨까.

Dining

평화로운 파크 뷰와 함께 즐기는
편안한 아침, 오크 레스토랑

오크우드에서 편안한 하룻밤을 보내고 여유로운 아침 식사를 마주할 준비가 되었다면 36층의 오크 레스토랑(조식 월~금요일 06:30~10:00, 토~일요일 06:30~10:30)으로 향하자. 가장 먼저 눈길을 끄는 것은 탁 트인 창 너머 파노라마처럼 펼쳐진 도시의 아침 풍경. 저 멀리 인천 앞바다와 공원의 푸름이 넘실

거리는 풍경을 발아래에 두고 여유로이 즐기는 아침 식사는 호캉스에서 가장 돋보이는 순간 중 하나. 싱그러운 아침 풍경을 벗 삼아 풍성한 아침을 만끽하고 싶다면, 센트럴파크와 마주한 자리를 꼭 사수할 것. 오크 레스토랑은 뷔페 레스토랑으로 운영하지만 스페셜 메뉴를 별도로 주문할 수도 있는데, 맑은 쌀국수와 프렌치토스트 중 선택 가능하다. 뷔페 메뉴는 한식과 양식이 균형을 이루는 편. 양쪽 모두 훌륭하지만, 다양한 메인 요리와 밑반찬을 제공하는 한식 메뉴가 특히 인기 높다고. 다른 특1급 호텔에 비해 가성비가 훌륭하다는 것 또한 오크 레스토랑의 장점이다.

Facilities
밝은 분위기와 여유로운 공간을 자랑하는 어린이 놀이방

아이와 함께 오크우드 프리미어 인천을 찾은 이라면 결코 놓칠 수 없는 공간이 있으니, 바로 어린이 놀이방(09:00~20:00, 만 7세 미만 이용)이다. 구색을 맞추기 위해 지하 어딘가에 던져놓듯 마련한 다른 호텔의 놀이방과는 비교할 수 없다. 파노라마처럼 펼쳐진

전면 창 덕분에 더없이 밝고 여유로운 공간, 그리고 그 공간을 가득 채운 도서와 장난감. 그렇기에 오크우드 인천의 어린이 놀이방은 아이들에게도, 함께 찾은 엄마, 아빠에게도 더없이 소중한 선물과 같은 공간이다. 교구 종류가 많다는 점이 특히 주목할 만한데, 아주 어린 아기부터 대여섯 살 꼬마까지 다양한 연령대를 위한 교구를 두루 갖추었다. 무엇보다 놀이방 내부에 수유실과 화장실이 위치하고, 젖병 소독기까지 비치했다는 데서 오크우드의 세심함을 엿볼 수 있다.

Services & ETC
세심함이 돋보이는 DVD 대여 서비스와 객실 패키지

별것 아닌 것 같지만, 세심함이 담긴 작은 서비스가 마음을 울릴 때가 있다. 오크우드 프리미어 인천의 무료 DVD 대여 서비스가 바로 그렇다. 오롯이 쉬기 위해 떠나는 호캉스지만, 객실에 발을 들이고 나면 뭘 해야 할지 난감할 때가 있는 것도 사실. 그럴 땐 37층의 DVD 대여 부스로 향해보자. 최신 개봉 작품은 당연히 찾아볼 수 없겠지만 꽤 괜찮은 100여 편의 영화를 객실에서 편안하게 즐길 수 있다. 아이들이 좋아할 만한 애니메이션은 물론 어른을 위한 명작 영화도 준비해두었는데, 하루 최대 2편까지 대여할

수 있다고 하니, 아이와 엄마, 아빠를 위한 작품을 함께 빌려보는 것도 좋겠다. 300m 상공에서 즐기는 영화라니, 생각만으로도 기분 좋은 여행의 한순간이 될 것 같다.

그 외에 유아용 카 베드와 함께 유아 전용 가운과 식판, 변기 커버까지 준비되는 '키즈 레이서' 패키지 등 아이와 함께하는 호캉스에 딱 맞는 다양한 상품도 눈여겨보자.

우리 동네에서 가장 높은 빌딩에 있다는 오코우드 프리미어 인천. 공원에 가면서도, 마트에 가면서도 언젠가 한 번쯤은 가봐야지 하고 있었는데, 이번 봄에야 겨우 이곳에 묵게 되었어요.

엘리베이터를 타고 도착한 36층. 발아래 펼쳐진 도시 풍경을 벗 삼아 체크인을 하고, 방 키를 받아 듭니다. 우리 방은 63층이래요. 이미 높이 올라온 것 같은데, 한참 더 올라가야 하나 봅니다. 방에 들어서자마자 아이는 커다란 통유리창 앞으로 달려갔어요. 무섭지도 않은지 한참이나 창틀에 앉아서는 저 먼 발치 아래 '타요'와 '로기'에게 인사를 건넵니다.

그다음은 수영장으로 향했어요. 63층 높이의 시티 뷰를 선사하는 아이만의 커다란 욕조 수영장이죠. 아이가 좋아하는 새파란 색깔의 입욕제를 가득 풀고, 오래도록 그 시간을 만끽합니다. 낮에도 한 번, 그리고 밤에도 또 한 번을 그랬지요. 덕분에 이른 저녁 잠이 들어준 고마운 아들입니다.

다음 날 아침, 우리 가족은 오코 레스토랑에서 식사를 했어요. 센트럴파크를 마주한 자리가 좋을까, 저 멀리 바다가 보이는 자리가 좋을까 고민하다 바다 뷰를 선택했습니다. 아침 햇살이 충만하더군요. 이처럼 맑은 날에 이곳에 와서 다행이에요. 송도는 날씨가 정말이지 변화무쌍하거든요.

PIC A PIC!

호캉스의 추억을 오래도록 간직해줄 포토 스팟을 모으고 모았다!
결국 남는 것은 사진뿐. 호캉스의 시간을 찍고 찍고 또 찍어보자.

📷 오크우드와의 첫 만남 36층 스카이 로비

체크인이 이루어지는 36층 로비. 호텔에서 가장 낮은 층이지만 탁 트인 뷰를 보여주기에는 부족함이 없다고. 아빠가 체크인하는 동안 엄마와 아이는 전면 창 앞으로 한 걸음 다가서보자. 그리고 찰칵! 송도국제도시의 낭만적인 시티 뷰와 함께 호캉스 인증샷을 남기는 것으로 오크우드에서의 시간을 시작해보자.

📷 호텔 전체를 담고 싶다면 센트럴파크로!

'더위사냥'을 닮은 듯도 한 동북아 트레이드 타워의 멋스러운 모습과 함께 사진을 남기고 싶다면, 두말할 것 없이 호텔에서 멀리멀리 떨어질 것! 300m에 달하는 타워 전체를 한 프레임에 담기란 여간 어려운 일이 아니기 때문. 가장 만만하고도 완벽한 장소는 다름 아닌 맞은편 센트럴파크. 인공 수로 위로 위용을 드러낸 65층 타워의 모습을 오롯이 담을 수 있다.

Plus Tip : 이것도 놓치지 말자!

+ 오션 뷰, 시티 뷰, 파크 뷰, 그중에 제일은 파크 뷰!

오크우드 프리미어 인천에서 인기가 가장 높은 객실은 바로 센트럴파크를 마주한 파크 뷰 객실. 거의 모든 타입이 파크 뷰 객실을 보유하고 있지만 기본 객실인 스튜디오 슈페리어 룸의 경우는 그렇지 않다고. 파크 뷰 객실이 있는 룸 타입을 예약했다 해도 안심은 금물. 수량이 적은 만큼 금방 동난다고 하니, 예약 시 파크 뷰 객실 배정을 요청해두자.

+ 오크우드 프리미어 인천에서 즐기는 호캉스, 가장 중요한 것은 날씨?

제아무리 65층 마천루 위여도, 구름 잔뜩 낀 흐린 날이라면 아무 소용이 없을 터. 송도국제도시는 서해와 맞닿아 구름도 안개도 자주 낀다고 하니, 투숙 예약을 할 때 날씨도 한 번쯤 확인해두는 것이 좋겠다. 조금 더 완벽한 호캉스를 누리려면 미세 먼지 가득한 날도 피할 수 있다면 좋을 테지만, 모든 것을 예측할 수는 없는 일. 그저 푸르고 맑은 하늘을 마주하게 되길 바라고 또 바랄 수밖에.

📍 아이와 함께 다녀오면 좋은 곳

+ 센트럴파크

송도의 풍경을 대표하는 곳으로 공원이 많은 송도국제도시 내에서도 가장 유명하고 큰 공원 중 하나다. 호텔에서는 길 하나만 건너면 닿을 수 있으며, 공원 내에 산책로와 한옥마을 등이 옹기종기 모여 있다. 약 1.6km 길이의 인공 수로에서는 무동력 오리배나 소형 유람선 등을 탈 수도 있다. 야경이 특히 아름답다고.

주소 인천시 연수구 컨벤시아대로 160 | **시간** 24시간

+ G타워

센트럴파크를 사이에 두고 오크우드 인천이 위치한 동북아 트레이드 타워의 정확히 반대편에 위치한 G타워. UN이 쓰고 있는 이 건물의 29층 야외 정원과 33층 전망대를 무료로 개방해 방문객에게 송도국제도시의 풍경을 아낌없이 보여준다. 거대한 공원 너머 우뚝 솟은 호텔의 위용을 한눈에 담아보자.

주소 인천시 연수구 아트센터대로 175 | **시간** 전망대 월~금요일 10:00~20:00, 토~일요일 10:00~18:00/야외 정원 월~금요일 11:30~13:30(동절기 및 우천 시 폐쇄) | **가격** 무료

HOTEL

아무것도 없다! 아무리 주위를 둘러봐도 그 흔한 편의점이나 카페 하나 눈에 띄지 않는다. 딱 봐도 오롯한 쉼에는 제격이겠다 싶은 곳이다. 강남에서 차로 50분, 복잡한 수도권에서 이토록 여유로운 공간을 마주할 수 있다는 것이 사뭇 놀랍기도 하다.

2005년 현대자동차그룹 연수원으로 문을 열었다가, 주변의 아름다운 풍광을 더 많은 이들에게 보여주고자 대중에게도 개방된 롤링힐스 호텔. 이제는 깐깐한 엄마들의 입소문을 타고 아이와 함께하는 호캉스의 숨은 강자로 자리매김했다고. 더없이 아름다운 계절, 별 5개짜리 특급 호텔들과 비교해도 손색없는 시설과 더불어 숲이 선사하는 풍성한 싱그러움을 맞이하러 지금 여행을 떠나보자. 진짜 쉼은 멀리 있지 않다.

INFO

성급	★★★★
체크인·아웃	15:00/12:00
요금	₩200,000~
추천	3~12세
주소	경기도 화성시 남양읍 시청로 290
홈페이지	www.haevichi.com/rollinghills/ko
전화번호	031-268-1000

아이와 함께 '숲캉스' 어때요?

Rolling Hills Hotel

롤링힐스 호텔

#강남에서50분 #숲캉스 #가성비

1 : 대한민국 조경대상 특별상에 빛나는 아름다운 정원

이름처럼 구불구불한 능선을 마주해 더없이 고즈넉한 롤링힐스 호텔. 누군가 이곳 최고의 백미를 꼽으라 한다면, 주저없이 싱그러운 초록 정원을 이야기할 것 같다. 2010년 대한민국 조경대상 특별상을 수상하며 아름다움을 공인받은 롤링힐스 호텔의 정원. 도심 속 호텔이라면 결코 품을 수 없는 아름드리나무, 계절마다 색을 달리하는 꽃과 풀, 약 1,600m²에 달하는 드

넓은 잔디 정원과 그 사이로 굽이굽이 이어지는 녹음 짙은 산책로는 일상에 지친 당신에게 더없는 평온함을 선사한다.

2 : '황금잉어'들과 조우할 수 있는 로비 테라스 앞 미니 연못

수영장과 잔디마당, 키즈 존과 놀이터까지. 아이들을 위한 시설을 고루 갖춘 롤링힐스 호텔. 그러나 정작 아이들의 인기를 독차지하는 주인공은 따로 있으니, 바로 로비 옆 미니 연못에 모여 살고 있는 거대한 황금잉어들이라고. 어른들에게는 별것 아닐지 모르지만 호기심 많은 아이들에게는 노랗고 붉은 잉어들의 몸짓이 제법 흥미로운지, 롤링힐스의 미니 연못은 늘 아이들의 행복한 재잘거림으로 가득하다. 그 호기심에 부응이라도 하듯 프런트 데스크 한편에 물고기 먹이를 비치해두었으니, 아이들과 함께 잉어 먹이 주기 체험을 즐겨보는 것도 좋겠다.

햇살 가득한 테라스에 앉아 황금잉어들과 대화를 나누는 아이들의 모습을 두 눈에 담는 것. 이 또한 롤링힐스에서만 즐길 수 있는 넉넉한 아름다움이리라.

3 : 롤링힐스의 호캉스는 화려함이 아닌 세심함으로 완성된다

럭셔리함을 자랑하는 수많은 호텔들 사이에서 롤링힐스 호텔의 소박함은 자칫 평범함으로 비칠지도 모르겠다. 하지만 이들은 이야기한다. 아이와 함께하는 호캉스는 화려함이 아닌 세심함으로 완성된다고. 아이들에게 먹이기 좋은 밥과 반찬이 즐비한 조식 레스토랑 블루 사파이어의 실속 있는 메뉴부터, 폭신한 탄성 코트로 마감해 아이들의 안전까지 생각한 야외 놀이터, 온갖 운동과 게임을 즐길 수 있는 게임 라운지까지. 특유의 세심함으로 마련한 시설과 서비스 덕분에 아이의 나이와 성별, 저마다의 취향과는 상관없이 모두 만족스러운 쉼의 시간을 보낼 수 있을 것 같다.

그 모든 세심함이 엄마들의 마음을 움직인 것인지, 오픈 때부터 이제까지 단 한 번도 '키즈 프렌들리' 호텔을 표방한 적이 없지만 자연스레 아이와 함께하는 호캉스의 숨은 강자로 자리매김한 롤링힐스 호텔. 특유의 세심함을 경험해보고 싶다면, 이곳을 선택해보자.

Rooms & Amenities
단아함 속 오롯한 휴식, 숲과 정원을 마주한 발코니

오직 편안하고 여유로운 쉼. 롤링힐스 호텔의 객실은 전적으로 거기에 초점을 맞추고 있다. 제법 널찍한 객실 안으로 발을 들이면 밝은 우드 톤의 장식 없는 가구, 잠시 걸터앉아 쉬기 좋은 소파, 눈이 편한 색상의 카펫, 튀지 않는 그림과 액자가 당신을 맞이할 것이다. 화려하고 비싼 가구와 집기는 없지만, 안락함 속에서 오롯이 편안함을 누리는 데는 전혀 모자람이 없을 터. 여유롭고 편안한 객실 자체만으로도 부족함 없이 하룻밤 호캉스를 즐길 수 있겠지만, 롤링힐스는 조금 더 풍성한 휴식을 위해 또 하나의 특급 선물을 준비해두었다. 객실마다 하나씩 품고 있는 전용 테라스가 바로 그것. 호텔을 둘러싼 숲과 정원을 마주한 널찍한 테라스는 사시사철 변하는 초록 풍경을 당신에게 오롯이 전해주니, 테라스에 놓인 나무 의자에 앉아 두 뺨을 부비는 바람과 새들의 재잘거림을 만끽하며 싱그러운 풍경을 바라보자. 향 깊은 커피 한잔 있다면 더욱 좋으리라.

객실은 크게 스탠다드와 스위트 등급으로 나뉘는데,

스탠다드는 31m², 스위트는 그 2배인 62m²의 면적을 자랑한다. 어떤 방을 선택하더라도 크게 실망할 일은 없겠지만, 햇살이 충만한 테라스에서 여유로운 시간을 만끽하고자 한다면 방향과 조망이 더 나은 스탠다드 디럭스 이상의 객실을, 아이가 둘 이상이라면 2개의 침대를 비치한 스탠다드 패밀리 트윈 객실을 선택하는 것이 좋다. 4성급 호텔인 만큼 유아 전용 목욕용품 등은 비치해두지 않으니 미리 준비하는 것이 좋으며, 욕조는 스위트룸에만 있다는 점을 참고하자.

Dining
'우리 애는 뭘 먹이지?' 걱정할 필요 없는 블루 사파이어

안락한 롤링힐스 객실에서 하룻밤을 보내고 다시 맞은 아침, 커다란 전면창 너머로 풍요로운 아침 풍경이 만발한 롤링힐스 호텔의 올 데이 다이닝 레스토랑 블루 사파이어(조식 06:30~10:00)로 향하자. 햇살이 그득히 들어찬 공간에서 누리는 여유로운 아침 식사는 롤링힐스가 투숙객들에게 선사하는 작은 선물. 5성급 호텔 뷔페 레스토랑의 화려함은 없지만, 맛과 정성, 다양함에 더해 훌륭한 '가성비'로 실속까지 챙겨 투숙객들로부터 두루 사랑받고 있다.

빵과 시리얼, 과일과 샐러드, 달걀과 베이컨 등 조식의 기본 메뉴도 나무랄 데 없지만, 무엇보다 익숙하고도 정갈한 한식 메뉴를 다양하게 준비한다는 게 롤링힐스 호텔 조식의 매력. 아이들에게 마음 놓고 먹일 만한 익숙한 요리와 밑반찬도 많아 매일 아침 전쟁을 치르던 엄마들도 한시름 놓을 수 있겠다. 식당 한편에 줄지어 놓인 수많은 아기 의자와 푸드 스테이션 한쪽에 넉넉히 쌓아놓은 아기 전용 대나무 섬유 식기를 보면 이 호텔이 아이와 함께하는 투숙객들을 얼마나 소중히 생각하는지 알 수 있을 것 같다.

Services & ETC
실속으로 무장한 롤링힐스의 서비스

실속을 우선으로 하는 4성급 호텔이니만큼 특급 호텔 특유의 극진한 서비스를 기대하는 것은 욕심이다. 그렇다 할지라도 우리가 롤링힐스를 주목할 이유는 차고 넘치리라. 별다른 먹거리가 없는 주변 환경을 고려해 제법 괜찮은 치킨을 저렴하게 판매한다는 점, 특급 호텔에서도 흔치 않은 유모차 대여 서비스를 제공한다는 점, 바둑판과 노트북, DVD 플레이어까지 대여 가능 품목에 들어가 있다는 점까지. 별것 아닌 것 같지만 다양함 자체로 그들의 세심함을 증명하는 듯한 여러 서비스와 함께라면 롤링힐스 호텔에서의 호캉스를 더욱 풍성하게 채울 수 있을 것 같다.

4

실내 수영장부터 스쿼시 코트까지, 휴식에 즐거움까지 더했다

객실에서 편안하고 여유로운 쉼을 마음껏 즐겼다면 이제 사랑스러운 아이들과 함께 풍성한 재미를 누릴 차례. 웬만한 특급 호텔의 그것보다 훨씬 다양하고 풍성한 롤링힐스의 즐길 거리들을 지금 마주해보자. 롤링힐스 투숙객이라면 누구나 이용할 수 있는 레저 시설은 실내외를 구분하지 않는다. 수영장과 피트니스, 스쿼시 코트와 탁구장, 게임 라운지인 더 배(게임 비용 유료)와 키즈 존. 실내만 해도 이 정도이고, 실외에도 잔디 정원을 중심으로 놀이터와 다목적 구장, 산책로가 줄지어 당신을 기다린다.

먼저 호캉스의 꽃 수영장(06:00~22:00)으로 향하자. 롤링힐스 수영장의 매력 중 하나는 풀에 몸을 담근 채 커다란 전면창 너머 정원 풍경을 오롯이 감상할 수 있다는 것. 초록빛 수채화가 파노라마처럼 펼쳐진 풀에서 보내는 여유로운 시간은 당신과 아이 모두에게 근사한 경험이 될 것이다. 25m 레인 4개 중 하나는 90cm로 수심을 조정해 어린이들의 안전을 고려한 것에서도 롤링힐스만의 세심함을 엿볼 수 있다.

원목 바닥의 탁구장과 국제 규격의 스쿼시 코트(06:00~22:00)는 아빠와 아이들에게 인기 있는 공간이란다. 특히 스쿼시는 평소에 자주 접할 수 없는 종목인 만큼 2개의 코트가 비어 있는 시간을 찾기 어려울 정도라고. 스쿼시 코트 바로 옆에 자리 잡은 키즈 존(06:00~22:00)은 작지만 알찬 아이들의 공간. 슬라이드와 볼 풀, 클라이밍과 에어 포켓(그물 놀이터)이 오밀조밀 자리해 하루 종일 아이들의 재잘거림이 끊이지 않는다.

자, 이제 햇살 가득한 정원이 기다리는 밖으로 나가보자. 가장 먼저 당신을 맞는 공간은 약 1,600m² 규모의 잔디 정원과 야외 놀이터. 훌쩍 자란 나무들이 만들어내는 초록빛 벽으로 둘러싸인 드넓은 공간은 달리는 것만으로도 즐거운 아이들에게 그 자체로 큰 선물이 된다. 폭신한 탄성 코트로 마감한 놀이터에서

는 미끄럼틀과 시소, 그네와 스프링 놀이 기구 등이 아이들에게 손짓한다. 우주선처럼 생긴 미끄럼틀은 특히 인기가 많아서 햇살 좋을 때는 줄을 서서 계단을 올라야 할 정도라고. 캐치볼, 원반 던지기 등 소소한 놀이 기구도 무료로 대여해주는 롤링힐스의 세심함도 놓치지 말자.

아이들을 위한 시간을 뒤로하고 잠깐의 여유를 즐기고자 한다면 롤링힐스의 '히든 카드'라 할 수 있는 산책로를 따라 잠시 걸어보는 것도 좋겠다. 약 3,300m²에 달하는 전체 정원 사이사이로 이어지는 산책로를 한 바퀴 돌려면 30분 정도의 시간이 소요된다. 길다면 길고 짧다면 짧은 시간이지만, 그 시간이 선사하는 오롯한 여유의 크기는 결코 작지 않으리라.

롤링힐스의 정원은 봄과 가을에 더욱 아름답다. 봄에는 신록의 나무 잎새가 돋아나고 온갖 꽃이 만발해 싱그러움을 선사하며, 가을에는 깊고 진한 단풍의 빛깔로 풍성한 계절감을 드러낸다고 하니, 롤링힐스를 찾을 호캉스족이라면 이를 꼭 기억하자.

예약을 해두고 얼마나 마음을 졸였던지요. 이토록 아름다운 단풍잎들이 다 떨어져버릴까 봐. 이제껏 수도 없이 호캉스를 떠나왔으면서도, 이처럼 날씨가 좋기를 바란 적은 없었던 것 같아요. 그림 같은 오션 뷰를 품은 리조트에서도, 끝도 없이 펼쳐진 인피니티 풀을 마주했던 어느 호텔에서도, 이렇게까지 맑은 날을 바란 적은 없었을 거예요.

오롯한 가을을 마주하기 위해, 도시를 떠나 딱 50분. 우리는 롤링힐스의 가을 속으로 빠져들고 말았습니다. 체크인을 하기도 전에 연못으로 달려간 아이는 황금잉어들과 인사를 나누고, 엄마, 아빠는 그 너머 가을 풍경 속으로 풍덩 빠져들어버린 거죠. 유난히도 볕이 좋았던 다음 날 아침, 정원을 거닐다 마주한 롤링힐스의 직원이 나지막이 귀띔을 해줍니다. 봄에는 벚꽃이 참 예쁘다는군요. 롤링힐스를 다시 찾을 때는 어느 싱그러운 봄쯤일 것 같아요.

Plus Tip : 이것도 놓치지 말자!

✛ 여유로운 호캉스를 위해 일찍 일어난 새가 되어보자

다양하고 풍성한 부대시설을 자랑하는 롤링힐스 호텔이지만 밀려드는 투숙객에 장사 없는 법. 가족 단위 투숙객에게 특히 인기가 높은 수영장은 하루 종일 붐비는 경우가 많다. 조금이라도 여유롭게 수영장을 이용하고자 한다면, 이른 아침이나 한낮을 노려보자. 저녁 6시가 넘은 시간도 제법 여유로운 편이다.

✛ 1층 라운지에는 '초미니' 편의점이 있다

호텔에서 가장 가까운 편의점도 외딴 길을 따라 1km는 걸어야 만날 수 있다. 다행히 1층 라운지에서 간단한 스낵과 생수, 음료 따위를 판매하지만, 품목이 다양한 것은 아니므로 큰 기대는 하지 말 것. 아이들의 간식이나 간단한 먹을거리는 호텔 도착 전 가까운 편의점에 들러 미리 준비하는 것이 좋다.

✛ 숲속 호텔의 치명적 약점, 모기 떼에 대비하자!

아무래도 숲속 한가운데 위치한 호텔이니만큼 모기 떼의 공습에서 자유로울 수는 없다. 방충망이나 창호 등 호텔의 시설에는 전혀 문제가 없지만, 온갖 벌레들의 절대적인 수가 많다 보니 테라스 문을 잠깐만 여닫아도 모기가 객실 안으로 들어올 수 있다. 모기에 민감한 아이들을 위해 해충 방지제를 미리 준비하자.

강원도
&
충청도

• • •

청정 자연 속 최고의 힐링

Kensington Hotel Pyeongchang

켄싱턴 호텔 평창

#키즈라운지 #미니동물원 #프랑스식정원

HOTEL

켄싱턴 호텔 평창은 백두산에서 지리산까지 이어지는 백두대간이 속한 오대산 인근에 자리한다. 덕분에 때묻지 않은 자연 속에서 휴식을 취하고 힐링의 시간을 보낼 수 있다. 켄싱턴 호텔 평창의 하이라이트는 약 66,100㎡ 규모의 켄싱턴 가든이다. 향긋한 꽃이 피어나는 봄, 온통 초록색으로 가득한 시원한 여름, 오색 빛깔 단풍으로 물들어 가는 가을, 하얀 눈에 뒤덮이는 겨울까지. 계절마다 자연스럽게 옷을 갈아입으며 색다른 풍경을 보여준다. 가든은 물론이고 두 곳의 키즈 라운지와 귀여운 동물이 사는 애니멀 팜, 실내외 수영장 등의 시설을 다 누리기엔 1박 2일이 모자랄지도 모르겠다. 2018 평창 동계올림픽 개최 당시 IOC 총회가 열린 곳이기도 하다. 김연아 선수의 사인이 있는 스케이트화, 아이스하키 팀의 사인 등 쉽게 보기 힘든 동계올림픽 관련 소장품이 전시되어 있다. 그 때문에 동계 스포츠의 역사를 담은 박물관 호텔이라 불리기도 한다.

INFO

성급	★★★★★
체크인·아웃	15:00 / 11:00
요금	₩120,000~
추천	4~10세
주소	강원도 평창군 진부면 진고개로 231
홈페이지	www.kensington.co.kr/hpc
전화번호	1670-7462

1 : 국내 최대 규모의 프랑스식 야외 정원

프랑스 상트르주 앵드르에루아르에 있는 아름다운 야외 정원을 그대로 재현한 국내 최대 규모의 프랑스식 야외 정원에 들어서면 멀리 유럽으로 날아가지 않아도 잠시나마 프랑스 분위기를 느낄 수 있다. 사랑의 감정을 패턴으로 표현한 자수 정원과 셰프가 직접 다양한 채소를 가꾸는 셰프 정원, 향기 가득한 허브 정원까지, 아이와 함께 여유롭게 산책을 즐겨보자.

2 : 귀여운 동물들과 만날 수 있는 애니멀 팜

켄싱턴 가든에서 아이들이 가장 좋아하는 공간은 바로 이곳일 것이다. 새하얀 털이 매력적인 양, 작고 앙증맞은 애교쟁이 토끼, 눈망울이 아름다운 사슴 등 귀엽고 사랑스러운 동물이 모여 있다. 아이들이 직접 동물에게 먹이를 주는 체험도 해볼 수 있다.

3 : 날씨에 상관없이 마음껏 뛰어놀 수 있는 실내 놀이터

혹시 날씨가 좋지 않아 켄싱턴 호텔 평창의 하이라이트라고 할 수 있는 야외 정원을 제대로 즐기지 못했다 해도 너무 속상해할 필요는 없다. 호텔 2층에는 날씨에 상관없이 마음껏 뛰놀 수 있는 포인포 키즈 라운지가 있다. 물론 투숙객이라면 무료로 이용할 수 있다.

4 : 프렌치 컬렉션으로 가득한 카페 플로리

켄싱턴 가든이 한눈에 보이는 프로방스 스타일 레스토랑 카페 플로리에는 나폴레옹 3세가 사용했던 왕실 도자기 컬렉션과 로코코풍 맨틀 클락, 마리 앙투아네트 조각상 등 프랑스 박물관에서나 볼 수 있을 것 같은 아름다운 작품이 가득 전시되어 있다. 오랜 역사를 지닌 프랑스의 대표 커피인 말롱고 원두를 맛보는 것도 좋은 경험일 듯하다.

Kids Room
취향 따라 고르는 두 가지 타입의 키즈 룸

〈동화나라 포인포〉주인공으로 가득한 포인포 키즈 룸과 멋진 자동차 침대가 있는 마이카 키즈 룸 스위트는 아이와 함께 켄싱턴 호텔 평창을 찾는 가족에게 첫 번째로 추천하는 객실이다. 객실 내부에는 키즈 텐트가 설치되어 있으며 키즈 전용 어메니티와 가운, 변기 커버, 발판 등 아이를 위한 편의 시설을 다양하게 갖추고 있다. 또 키즈 룸 숙박 특전으로 웰컴 키즈 스낵을 제공한다.

두 곳의 키즈 룸은 콘셉트만 다른 것이 아니라 객실 크기에도 차이가 있다. 포인포 키즈 룸은 디럭스 객실과 같은 사이즈로 침대 대신 고밀도 메모리폼 토퍼를 제공한다. 아이가 잠을 자는 공간에도 같은 브랜드의 토퍼가 놓여 있다. 최대 숙박 가능 인원은 어른 3명과 어린이 1명으로 4인 가족이 숙박하는 것도 가능하다. 2세트의 침구를 기본 제공하며 침구 추가는 22,000원이다.

마이카 키즈 룸 스위트는 스위트라는 이름답게 부모님을 위한 더블 타입 객실과 키즈 공간이 구분되어

있다. 욕실은 물론이고 옷장, TV, 책상 등 대부분의 가구도 2개씩이다. 덕분에 보다 넓고 여유롭게 공간을 활용할 수 있다. 체크인 시 자동차 키를 제공하는데, 깜찍한 키를 이용해 자동차 침대에 시동을 걸거나 끌 수 있다. 침대가 실제로 움직이는 것은 아니지만 아이들에겐 더없이 좋은 장난감이 되어줄 것이다. 객실 내 키즈 텐트에는 레고, 주방 놀이 등 놀잇감도 가득하다. 숙박 가능 인원은 포인포 키즈 룸과 같다. 단 3개뿐인 객실인 만큼 서둘러 예약하는 것을 추천한다.

키즈 룸 외에 켄싱턴 호텔 평창에서 가장 기본이 되는 객실은 디럭스 룸이다. 가족 구성이나 아이의 연령에 따라 온돌, 패밀리 트윈, 더블 타입 중 선택해 예약할 수 있다. 객실마다 욕조가 기본으로 설치되어 있으며 온돌 객실에는 침구 3세트를 제공한다.

Kids Club
플레이 라운지 & 키즈 월드

투숙객이라면 자유롭게 입장할 수 있는 플레이 라운지와 유료로 운영하는 키즈 월드, 두 곳의 실내 놀이 공간을 갖추었다. 동화나라 포인포 캐릭터를 테마로 꾸민 포인포 플레이 라운지에는 촘촘한 그물로 엮은 정글짐과 색색의 블록 장난감이 비치되어 있다. 직원이 상주하지 않는 공간으로 안전사고에 대비해 보호자가 함께 입장하는 것을 권한다. 시간대별로 아이 클레이 만들기, 케이크 만들기 등의 유료 키즈 클래스를 운영하기도 한다. 키즈 클래스는 예약제로 운영하며 만 5세 이상부터 참여할 수 있다. 유료로 운영하는 키즈 월드는 트램펄린, 볼 풀, 낚시, 공주마켓 등 10가지 이상의 체험 시설로 가득 차 있다. 키 150cm 미만의 어린이만 입장 가능하며 어른용 티켓 구입 시 보호자도 함께 입장할 수 있다. 요금은 1일권과 1회권으로 나누어져 있다. 1일권 구입 시 구매일 포함 다음 날 오전 11시까지 재입장 가능하다. 투숙객은 어린이용 입장권 구입 시 10% 할인을 받을 수 있다. 입구에는 부모님을 위한 카페도 마련되어 있다.

• 포인포 플레이 라운지
위치 2층
요금 무료(키즈 클래스 19,900원)
운영 시간 09:00~20:00(청소 시간 : 12:00~14:00)

• 키즈 월드
위치 2층
요금 어린이 1일권 22,900원, 1회권 15,900원/어른 5,900원
(음료 1잔 제공)
운영 시간 09:00~21:00(청소 시간 : 12:00~13:00)

Check Point

3

Facilities
사우나와 수영장을 한 번에

사계절 온수로 운영하는 실내 수영장으로 수심 1.3m의 메인 풀장과 수심 0.6m의 유아 풀이 있다. 커다란 유리창 너머로 아름다운 오리엔탈 정원이 펼쳐지는 뷰를 자랑한다. 호텔 투숙과 별도로 요금을 지불해야 하며 1회 3시간 이용 가능하다. 수영장과 사우나가 연결되어 천연 암반수 사우나를 함께 이용할 수 있다. 수영복은 물론 수영 모자 혹은 캡 모자를 반드시 착용해야 하니 미리 준비하는 것을 추천한다. 안전요원이 상주하지만 13세 이하 어린이는 보호자 동반 시 입장 가능하다. 키 140cm 이하 어린이를 위한 구명조끼를 무료로 대여해주며 개인 튜브 반입도 가능하다(대형 튜브 제외).

실외 수영장은 여름 한정으로 운영한다. 온수를 제공하는 실내 수영장과 다르게 한여름의 더위를 말끔하게 날려버릴 차가운 물로 채워져 있다. 맑은 날에는 시원하게 이용할 수 있지만 날이 흐리면 한낮에도 다소 쌀쌀하게 느껴질 수 있다. 뜨거운 태양을 피할 수 있고 체온 보호도 가능한 래시가드 착용을 권한다.

가장 깊은 곳의 수심은 1.2m지만 수영장 가장자리가 얕은 구조로 설계되어 어린아이도 즐겁게 물놀이를 즐길 수 있다.

탈의실은 있지만 샤워 시설은 마련되어 있지 않다. 실내 수영장과 통합 운영해 하나의 티켓으로 두 곳의 수영장을 이용할 수 있으니 샤워가 필요하다면 실내 수영장과 연결된 사우나를 이용하자. 기본 선베드는 무료로 제공하지만 파라솔이 없는 것이 단점이다. 햇빛을 차단할 수 있는 애플 베드나 가제보를 사용하려면 추가 요금을 지불해야 한다. 매년 오픈일이 조금씩 달라지는데, 정확한 오픈일과 시간은 홈페이지를 통해 확인할 수 있다.

• 실내 수영장 & 사우나
위치 지하 1층
요금(3시간) 어른 19,900원, 37개월~초등학생 15,900원
운영 시간 09:00~19:00(브레이크 타임 : 12:00~13:00,
　　　　첫째 주 수요일 휴무)

Facilities
유럽에 온 듯한 느낌의 켄싱턴 가든

아름다운 천사들이 반겨주는 아담한 다리를 건너가면 국내 최대 규모의 프랑스식 정원이 펼쳐진다. 넓은 잔디광장과 커다란 호수, 꽃과 나무가 가득한 약 66,100m² 규모의 켄싱턴 가든이다. 잔잔하고 평화로운 분위기의 안시호수를 중심으로 왼쪽에는 잘 가꾼 자수정원과 전망대, 아이들을 위한 아담한 트리 하우스가 있다. 오른쪽으로 발길을 돌리면 향긋한 향기로 가득한 허브정원과 귀여운 동물 친구를 만날 수 있는 애니멀 팜이 있다.

베이지색 천에 초록색 실을 이용해 한 땀 한 땀 수를 놓은 듯한 모습의 자수정원은 켄싱턴 가든을 가장 돋보이게 만들어주는 주인공이다. 미로 공원을 산책하는 느낌으로 둘러보다 보면 다양한 소품으로 꾸민 포토 존이 나온다. 가장 안쪽에는 자수정원과 호텔을 한눈에 담을 수 있는 전망대가 자리한다. 전망대에 오르면 강원도 평창이 아닌 유럽의 작은 궁전에 놀러 온 듯한 느낌을 주는 풍경이 펼쳐진다.

아이들이 마음껏 뛰어놀 수 있는 넓은 잔디마당에서는 어린이용 전동 카를 대여해 특별한 시간을 보낼 수 있다. 엄마, 아빠를 위한 자전거와 어린이용 자전거도 비치되어 있다. 20분에 15,900원으로 요금이 다소 비싸지만 엄청난 규모의 켄싱턴 가든을 효과적으로 둘러보기에 좋다. 산책로를 따라 가든 곳곳을 돌아보며 시간을 보내는 것도 추천한다.

Dining
강원도의 청정 자연을 담은 레스토랑

세상에서 가장 맛있는 음식은 다른 사람이 차려주는 음식일 것이다. 포근한 호텔 침대에서 일어나 맛있는 조식을 먹는 것으로 완벽한 호캉스의 둘째 날이 시작된다고 할 수 있겠다. 조식은 1층 라 떼브 레스토랑에서 먹을 수 있다. 프랑스어로 테이블을 뜻하는 라 떼브(La Table)는 테이블에 차려진 풍성한 음식이라는 의미를 담고 있다고 한다. 오랜 기간 숙련된 셰프가 준비한 다채로운 메뉴의 조식 뷔페가 준비된다

갓 구워낸 빵과 시리얼, 스크램블드에그와 함께 가볍게 시작하는 아침도 좋고, 따끈한 쌀밥에 감칠맛 나는 미역국과 고기반찬도 좋다. 음식 가짓수가 많은 편은 아니지만 취향에 따라 든든하게 아침을 시작할 수 있다.

저녁에는 시그니처 디너 뷔페를 운영한다. 왕새우구이, 양갈비, LA갈비, 스테이크 등 다양한 육류와 해산물을 즉석에서 구워주는 라이브 스테이션이 특히 인기 있다. 신선한 회와 초밥, 뜨끈한 도가니탕과 아이들을 위한 볶음밥, 피자 등 셰프가 60여 가지 메뉴를

직접 준비한다. 무제한 생맥주를 즐길 수 있다는 것도 시그니처 디너 뷔페의 장점이다.

• 라 떼브

운영 시간

조식 | 화~금요일 07:00~10:00/토~월요일 1부 07:00~08:30, 2부 09:00~10:30

디너 뷔페 | 월~목요일 18:00~21:00/금~일요일 1부 17:30~19:20, 2부 19:40~21:30

가격

조식 | 어른 29,900원, 어린이 15,900원

디너 뷔페 | 월~목요일 어른 59,900원, 어린이 29,900원
금~일요일 어른 79,900원 어린이 39,900원
연휴 및 성수기 어른 99,900원 어린이 39,900원
* 어린이 37개월~초등학생

제 오랜 꿈은 아이와 함께 유럽 자동차 여행을 떠나는 거였어요. 아이의 방학에 맞춰 유럽으로 날아가 프랑스와 스위스, 오스트리아의 소도시를 둘러보고 싶었답니다. 켄싱턴 호텔 평창에 도착해 안시호수 근처를 산책하다 보니 유럽 여행에 대한 그리움이 점점 커지더군요. "엄마, 여기 유럽 같아요!"라는 아이의 말에 맞장구를 치며 다시 한 번 다짐했어요. 지긋지긋한 코로나가 사라지면 당장 유럽행 비행기에 몸을 실어야겠다고 말이에요.

체크아웃을 하고 호텔을 떠나기 전 마지막으로 정원을 둘러보았어요. 1박 2일 동안 수시로 먹이를 주던 오리들에게 작별 인사를 하려는데, 바로 뒤 풀밭에서 네 잎 클로버를 발견했답니다. 평소엔 그렇게 눈에 불을 켜고 찾아도 없더니, 뜻밖의 행운이 찾아온 것 같았어요. 조심스레 집으로 가져와 코팅까지 마친 네 잎 클로버는 아이의 작은 보물이 되어주었답니다. 덕분에 마지막까지 행운을 가득 안겨 준 호텔로 오랜 시간 기억될 것 같아요.

출근 도장 찍듯 수시로 찾아간 애니멀 팜에서 가장 좋아했던 동물은 다름 아닌 토끼였어요. 쫑긋 솟은 두 귀와 하얀색 털이 매력적인 귀여운 토끼들은 어쩐지 아이가 주는 먹이에도 아무런 반응이 없더라고요. 아무리 가까이 먹이를 들이밀어도 미동도 없는 토끼들이 야속하기도 했어요. 동물원 인기 스타답게 도도한 토끼들 덕분에 구입한 먹이는 몽땅 바로 옆 양에게 돌아갔어요. 아마도 토끼는 다이어트 중이었나 봐요.

체감온도가 40℃에 육박하는 서울을 뒤로하고 향한 강원도 평창. 놀랍게도 평창에 도착하니 자동차 안 온도계가 30℃를 가리키고 있었어요. 시원한 나무 그늘 덕분인지 선선한 바람이 수시로 불어오더라고요. 왜 사람들이 여름마다 강원도로 피서를 떠나는지 알 것 같았어요. 유난히 더위를 많이 타는 아이도 이곳에서만큼은 마음껏 뛰어놀았답니다.

PIC A PIC!

호캉스의 추억을 오래도록 간직해줄 포토 스폿을 모으고 모았다!
결국 남는 것은 사진뿐. 호캉스의 시간을 찍고 찍고 또 찍어보자.

📷 프렌치 스타일의 **로맨틱 자수정원**

프랑스 상트르주 앙드르에루아르에 위치한 빌랑드리 자수정원을 그대로 재현한 프렌치 스타일의 정원이다. 초록색 회양목으로 테두리를 만들어 그 안에 색색의 꽃을 채워놓았다. 정원 곳곳 포토 존이 마련되어 있으며 전망대에 오르면 이국적인 자수정원을 배경으로 특별한 기념사진을 남길 수 있다. 프랑스 소도시에 놀러 온 듯한 느낌으로 다양한 사진을 남겨보자. 우아한 롱 드레스를 활용해보는 것도 좋다.

📷 왕과 왕비가 되어보자! **켄싱턴 빅 체어**

켄싱턴 가든 곳곳에서 포토 존을 만날 수 있지만 거대한 켄싱턴 빅 체어는 그중에서도 특히 인기 있는 포토 스폿이다. 건장한 성인 5명이 함께 앉아도 될 만한 사이즈의 의자에 왕과 왕비를 위한 이름표가 붙어 있다. 옆쪽엔 귀여운 공주님을 위한 마리 앙투아네트 공주 체어도 있다. 가족과 함께 각자 마음에 드는 의자에 골라 앉은 뒤 멋진 기념사진을 남겨보자.

Plus Tip : 이것도 놓치지 말자!

+ 오감 만족 VR 체험

스포츠, 레이싱, 슈팅 게임 등의 게임 콘텐츠와 애니메이션, 영화 등을 VR 기기로 생생하게 체험해볼 수 있다. 1층 프런트 데스크에서 기기를 대여한 후 객실에서 자유롭게 이용할 수 있으며, 이용 요금은 하루 기준 1대당 19,900원이다. 수량이 한정되어 이용을 원할 경우 사전에 예약하는 것을 추천한다.

요금 1일 1대 19,900원

+ 럭셔리 글램핑 BBQ

전나무가 가득한 야외에서 자연과 함께 바비큐 파티를 즐기고 싶다면 글램핑 BBQ를 추천한다. 음식과 조리 도구 일체를 준비해야 하는 캠핑과 다르게 푸짐한 고기와 해산물, 채소와 그릴이 완벽하게 준비된다. 바비큐를 즐기는 동안 텐트 내부 공간을 사용할 수 있으며 아이를 위한 놀이터도 있다. 메뉴는 어른 2인부터 주문 가능하며 랍스터와 스테이크, 새우, 양갈비, 라면 등이 포함된다.

이용 시간 18:00~21:00 **요금** 어른 2인 258,000원

📍 아이와 함께 다녀오면 좋은 곳

+ 발왕산 기 스카이워크

왕복 7.4km 길이의 케이블카에 탑승해 발왕산에 오르면 대한민국 최고 높이에 세운 아찔한 유리 전망대가 눈앞에 펼쳐진다. 유리 바닥에 발을 내디디면 하늘 위에 떠 있는 듯한 기분으로 끝없이 이어진 백두대간의 절경을 감상할 수 있다. 유모차로 이동 가능한 완만한 발왕수가든 덱을 따라 하늘 위 야외 정원을 산책해보자.
주소 강원도 평창군 대관령면 올림픽로 715 | **전화** 033-330-7423 | **시간** 화~일요일 09:00~18:00(마지막 출발 17:00), 월요일 휴무 | **가격(케이블카 왕복)** 어른 25,000원, 어린이 21,000원, 36개월 미만 무료.

+대관령 삼양목장

약 19.83km²의 초원에서 자유롭게 방목되는 동물을 만날 수 있다. 송아지 우유 주기 체험, 양 먹이 주기 체험 등 직접 참여할 수 있는 프로그램도 다양하다. 양몰이 개로 알려진 보더콜리와 함께 양들을 이동시키는 양몰이 공연은 대관령 삼양목장에서 빼놓으면 안 되는 코스다(5~10월). 볼거리와 산책로가 다양해 꼼꼼하게 둘러보려면 3~4시간 정도 소요된다
주소 강원도 평창군 대관령면 꽃밭양지길 708-9 | **전화** 033-335-5044 | **시간** 5~10월 09:00~17:00, 11~4월 09:00~16:30 | **가격** 어른 9,000원, 어린이 7,000원, 36개월 미만 무료 | **홈페이지** www.samyangfarm.co.kr

속초의 푸른 바다를 마주한 언덕, 그 위로 떠나는 여행

Lotte Resort Sokcho

롯데리조트 속초

#외옹치 #바다언덕위호텔 #전객실오션뷰 #워터파크도있고 #인피니티풀도있다

호수와 바다를 모두 품은 물의 도시 속초.
도시와 바다를 잇는 금빛 해변의 남쪽 끝자락,
바다를 향해 툭 튀어나온 기암의 언덕이
있으니 그 이름 외옹치란다. 그 언덕 꼭대기에
자리 잡은 단 하나의 리조트로 여행을 떠나
보자.
바다를 향해 한 걸음 더 나와 있어서, 높디
높은 언덕 꼭대기에 위치해서 그 어느 곳
보다 속초의 푸른 바다를 오롯이 만끽할 수
있을 것 같은 곳. 동해를 마주한 인피니티
풀과 신나는 워터파크, 전 객실 오션 뷰로
완벽한 가족 여행을 완성해줄 롯데리조트
속초가 당신을 기다리고 있다.

INFO

성급	★★★★
체크인·아웃	15:00 / 11:00
요금	호텔 ₩200,000~, 리조트 ₩170,000~
추천	3~12세
주소	강원도 속초시 대포항길 186
홈페이지	www.lotteresort.com/sokcho/ko/about
전화번호	033-634-1000

1: 어떤 객실을 선택해도 OK!
완벽한 오션 뷰를 선사하는 392개의 객실

육지에서 바다를 향해 툭 튀어나온 바위 언덕 위에 자리 잡은 롯데리조트 속초의 위치 선정은 그야말로 탁월하다. 북쪽으로는 2.3km에 달하는 해변 풍경이, 남쪽으로는 외옹치항의 고즈넉한 일상 풍경이 인사하는 곳. 그리고 무엇보다 동해의 짙푸른 바다가 끝없이 펼쳐지는 동쪽 풍경을 오롯이 품고 있는 곳. 이렇듯 바다 한가운데 떠 있는 섬처럼 각기 다른 풍경에 둘러싸여 392개의 객실 저마다 완벽한 오션 뷰를 자랑하는 롯데리조트 속초만의 독보적인 풍경을 만끽해보길.

2 : 아이는 물론 엄마, 아빠까지 만족할 워터파크와 인피니티 풀

놀놀이를 좋아하는 아이들과 함께하는 호캉스라면 롯데리조트 속초가 제격일 테다. 실내와 실외를 모두어 다양한 슬라이드와 테마 풀을 보유한 워터파크에서는 아이들과 신나는 시간을 보낼 수 있고, 아쿠아 풀과 키즈 풀을 함께 이용할 수 있는 드넓은 인피니티 풀에서는 동해를 마주한 채 더없이 여유로운 시간을 즐길 수 있기 때문.

수영과 물놀이에 '진심'인 여행자들이여, 지금 속초로 떠나보자. 온전한 즐거움과 완벽한 쉼을 바로 거기서 마주할 수 있을 테니까.

3 : 바다를 향해 성큼 다가서보자, 속초 바다향기로와 외옹치해수욕장

리조트 북쪽 해변에서 시작해 외옹치의 외곽을 휘돌아 남쪽 대포항에 이르는 해상 산책로인 속초 바다향기로를 따라 걸음을 옮겨보자. 안보를 이유로 66년간 숨겨져 있던 외옹치의 숨 막히는 풍경을 그 길 위에서 마주할 수 있다. 구간에 따라 오르막과 내리막이 있긴 하지만 전체 구간이 목재 덱으로 이루어져 아이와 함께여도 쉽게 걸을 수 있다. 무엇보다 바위에 부딪혀 하얀 포말을 만들어내는 동해의 푸른빛 파도를 바라보는 것은 그 자체로 힐링이 될 테니, 여유가 있다면 잠시나마 바다향기로를 걸어보자.

여름이라면 리조트 북쪽 해변에 위치한 외옹치해수욕장으로 향하자. 속초해수욕장에서 이어지는 길고 긴 백사장과 함께 동해 특유의 맑은 바다를 마주할 수 있다. 리조트에서는 바다향기로나 오솔길을 통해 10분 정도 걸어 닿을 수 있다.

Rooms & Amenities
편안한 품격의 호텔 룸,
여유로움과 넉넉함의 리조트(콘도) 룸

롯데리조트 속초는 저마다 오션 뷰를 자랑하는 392개의 객실을 보유하고 있는데, 그중 일부는 호텔 타입, 또 다른 일부는 취사가 가능한 리조트(콘도) 타입 룸으로 나뉜다. 호텔 룸 중에서 기본이 되는 객실은 디럭스 룸으로 베드 타입에 따라 더블과 패밀리 트윈으로 나뉜다. 면적은 41㎡로 동일하지만, 객실 최대 정원이 다르므로 가족 단위 투숙객이라면 3인이 묵을 수 있는 패밀리 트윈을 선택하는 것이 좋다. 조금 더 여유로운 투숙을 원한다면 48㎡의 그랜드 디럭스 룸이 제격이다. 일반 디럭스 룸보다 면적이 넓은 만큼 전면 창과 발코니 면적도 더 크며, 소파 덕분에 좀 더 여유로운 휴식이 가능하다. 리조트보다 면적 대비 요금이 다소 높은 만큼 상대적으로 뷰가 좋고, 어메니티도 특별히 록시땅(L'Occitane) 제품을 제공한다. 리조트 타입의 기본 객실 타입은 디럭스(60㎡) 룸으로 패밀리 트윈 선택 시 3인까지 함께 묵을 수 있다. 조리할 수 있는 공간이 있기 때문에 상대적으로 넓은 편이지만 침실이 완전히 분리된 것은 아니어서,

제대로 조리를 할 예정이라면 스위트 더블이나 트윈(109㎡) 룸을 선택하는 것이 좋겠다. 리조트 타입 객실은 가성비도 훌륭하고 공간도 여유로워 좋은 대안이 되겠지만, 욕실용 어메니티를 일반 브랜드 제품으로 제공하고 무료 커피와 티 등을 비치하지 않는 등 크고 작은 차이가 있으므로 이를 잘 확인한 뒤 객실을 정해야 한다.

호텔과 리조트의 기본적인 차이는 분명히 존재하지만 전 객실 훌륭한 오션 뷰와 함께 프라이빗 발코니와 대형 욕조를 기본 사양으로 제공하니, 어떤 쪽을 선택하더라도 편안한 휴식과 투숙이 될 것이다.

Dining
오감의 즐거움을 누릴 수 있는 롯데리조트의 다이닝 스폿

가족과 함께 식사도 해결하고 동시에 즐거움도 누려 보자. 리조트 9층에 위치한 R.9PUB(11:00~24:00)은 핑거 푸드 포함한 여러 메뉴와 로컬 브루어리의 수제 맥주, 또 다양한 게임까지 즐길 수 있는 특별한 곳. 아이들은 물론 엄마, 아빠에게도 넘치는 즐거움을 선사하고도 남을 비장의 카드 같은 곳이란다. 속초와 강릉 등 지역을 대표하는 브루어리의 특별한 맥주 수십 종을 마실 수 있는데, 한쪽 벽을 가득 채운 디스펜서에서 직접 맥주를 따르면 양에 따라 자동으로 결제가 이루어지는 시스템으로 운영한다. 홍게라면 등 속초의 해산물을 주재료로 한 음식 또한 수준급이라고. 속초의 바다가 한눈에 내려다보이는 넓은 루프톱 테라스도 있어, 아이들이 뛰어놀기에 제격이다.

지하에 위치한 내추럴 소울 키친(08:00~14:30, 16:30~21:00)은 제법 합리적인 가격으로 제대로 된 한 끼 식사를 즐길 수 있는 곳. 고등어구이나 떡갈비 등 푸짐하고 정갈하게 차려내는 한식 반상을 맛볼 수 있어 점심으로도 저녁으로도 손색이 없겠다. 수제 돈가스처럼 아이들이 좋아하는 메뉴들도 있으니 부담 없는 한 끼 식사 장소로 여기 내추럴 소울 키친을 찾아보자.

그리고 놓치지 말아야 할 한 가지. 리조트 내 대부분의 식음 매장과 기타 매장에서 요금이나 비용을 지불할 때 롯데 포인트를 적립할 수 있다. 큰 금액은 아니어도 아껴두면 다 쓸모가 있는 법. 언제일지 모르는 나중을 위해서라도 알뜰하고 스마트한 여행자가 되어보자.

Facilities
더없이 여유로운 쉼과 풍성한 즐거움,
두 마리 토끼를 모두 잡아보자!

롯데리조트 속초에서 가장 포토제닉한 풍경은 누가 뭐래도 동해를 마주한 인피니티 풀(10:00~19:00, 시즌에 따라 다름, 동계 미운영)이리라. 속초의 청명한 바다를 바로 앞에 두고 누리는 인피니티 풀의 여유는 여행자들에게 꿈과 같은 일. 총 길이가 50m에 달하는 풀이 부채꼴로 펼쳐져 그 안에 몸을 담그는 순간 동해의 그림 같은 풍경을 파노라마처럼 마주하게 된다. 드넓은 인피니티 풀과 함께 아이들도 안심하고 놀 수 있는 수심 0.3m의 키즈 풀과 찬 바람에 언 몸을 따끈하게 데울 수 있는 아쿠아 풀도 함께 조성되어 있다. 덕분에 삼대가 함께하는 호캉스여도 걱정이 없을 터다.

인피니티 풀에서 여유로운 쉼을 만끽했다면 이제 다함 없는 즐거움을 맛볼 차례. 아이들의 텐션을 하늘 끝까지 끌어올려줄 워터파크(10:00~19:00, 시즌에 따라 다름)로 향하자. 파도 풀과 유수 풀, 키즈 풀, 로켓 슬라이드를 품은 실내 존부터 신나는 보디 슬라이드와 동해를 면한 인피니티 바데 풀을 만나볼 수 있

는 실외 존까지 모두 즐길 수 있다. 풀의 다양함도 다양이지만 아이들을 위한 세심한 배려를 여러모로 엿볼 수 있는데, 수심과 수온이 서로 다른 풀을 운영한다는 점, 다양한 연령대에 맞춘 어트랙션이 풀 하나하나마다 조화롭게 녹아 있다는 점 등이 특히 그러하다. 워터파크 이용권을 구매했다면 인피니티 풀도 함께 이용 가능하니 워터파크 티켓을 끊는 편이 여러모로 유리하다.

로비에 위치한 키즈 카페인 라라키즈 어드벤처(월~목요일 10:00~18:00, 금~일요일 10:00~19:00)도 찾아가볼 만하다. 다양하지는 않지만 하나씩 뜯어보면 진가가 발휘되는 놀이 기구를 이용할 수 있다. 그 어디에서도 볼 수 없을 만큼 거대한 규모의 볼 풀, 약 3.5m 상공에 매달린 트램펄린과 구름다리는 아이들의 모험심과 호기심을 자극하고도 남는다. 유료 시설이지만, 투숙객이라면 20% 할인된 요금으로 입장할 수 있다.

인피니티 풀과 워터파크, 그리고 키즈 카페까지. 롯데

리조트가 자랑하는 시설 모두 재미와 만족감을 주기에 충분하지만, 투숙객에게도 요금을 받는다는 점이 다소 아쉽다. 투숙객 할인이나 패키지 티켓 등을 구매해 조금 더 알뜰한 호캉스를 누려보자

Services & ETC
천혜의 환경과 어우러진 리조트 속 공간을 마주하자

모던하고 편안한 오션 뷰 객실, 엄마, 아빠의 쉼과 아이들의 즐거움을 보장해줄 인피니티 풀과 워터파크, 다양함이 매력인 다이닝 스폿을 모두 둘러보았다면, 이제 리조트 안팎을 조금 더 둘러볼 시간. 먼저 로비 전면에 위치해 동해의 푸름을 오롯이 마주하는 문우당 라운지(09:00~18:00)로 향하자. 40년 역사에 빛나는 속초 문우당 서림과의 컬래버레이션으로 탄생한 북 라운지로, 문우당이 직접 큐레이팅한 서적과 개성 넘치는 음료를 환상적인 뷰와 함께 즐길 수 있다. 1층 라운지는 굳이 음료를 사 마시지 않더라도 잠시 머무를 수 있고, 아이들을 위한 책도 많아 온 가족이 함께 들러도 좋을 듯.

리조트를 에워싼 외부 정원과 산책로도 걸어보자. 언덕 위 정원과 산책로를 따라 걷는 것만으로도 훌륭한 뷰를 마주할 수 있다. 리조트 남쪽과 북쪽에 위치한 계단을 따라 해안으로 내려가

면 속초 바다향기로에 닿는다. 계단으로 한참 내려가는 고생 끝에 마주하는 풍경은 결코 당신을 배신하지 않을 것이다.

PIC A PIC!

호캉스의 추억을 오래도록 간직해줄 포토 스폿을 모으고 모았다!
결국 남는 것은 사진뿐. 호캉스의 시간을 찍고 찍고 또 찍어보자.

📷 드라마도 인정한 **바다향기로 포토 스폿**

기암 가득한 해변을 휘감은 산책로에서 특별한 사
진을 남겨보자. 바다와 해송의 초록을 함께 프레임
에 담으면 사진이 더욱 싱그러워진다는 사실.

📷 분위기 있는 바다 사진은 **문우당 라운지**

커다란 전면 창 너머로 인피니티 풀과 동해의 푸름
이 넘실거린다. 휴양지의 여유로움을 담기에 제격.
풀의 모습을 더 잘 담아내려면 2층 라운지로 향하자.

📷 롯데리조트 제1경 **인피니티 풀**

여기다! 막 찍어도 인생 사진이 탄생하는 곳, 바로
인피니티 풀이다. 이른 아침에는 역광이 생길 수 있
고, 늦은 오후에는 수영장 전체가 그림자에 뒤덮일
수 있으니 주의하자.

📷 R.9PUB 루프톱 테라스 **SOKCHO 사인**

물의 도시 속초에 왔음을 인증하기에 딱 좋은 곳이
다. 'SOKCHO'라는 사인과 함께 아이의 사진을 남
겨보자. 여름 밤바다의 시원한 바람은 덤이다.

반나절 여행 코스

_추천_

체크아웃 ➡ 속초 바다향기로 ➡ 외옹치해수욕장 ➡ 속초 중앙시장

속초 바다향기로

북쪽의 속초해수욕장과 남쪽의 대포항을 잇는 길이 1.74km의 해안 산책로다. 그중에서도 외옹치의 기암절벽을 휘감아 도는 약 800m의 코스를 절경으로 친다. 리조트에서 출발하면 계단을 이용해 한참 내려가야 하므로, 외옹치항이나 외옹치해수욕장까지 이동한 뒤 산책로로 진입하는 편이 더 편하다.

주소 강원도 속초시 대포항길 | **시간** 하절기(4~9월) 06:00~20:00, 동절기(10~3월) 07:00~18:00 | **가격** 무료

외옹치해수욕장

리조트 북쪽에 자리한 해수욕장으로 차를 타면 3분, 걸어서도 10분이면 닿을 수 있다. 속초의 다른 해수욕장에 비해 유명하진 않지만, 특유의 맑은 바닷빛을 마주할 수 있다. 고운 모래가 깔린 해변과 함께 외옹치 쪽으로는 드문드문 검은 바위들이 깔려 있어서 더욱 이색적인 풍경을 선사한다.

주소 강원도 속초시 대포항길 | **시간** 하절기에만 운영 | **가격** 무료

속초 중앙시장

속초 시내에 위치한 전통시장. 관광객들을 대상으로 다양한 토속 음식과 음료를 판매한다. 이름만 들어도 다 아는 유명한 닭강정, 홍게찜, 새우튀김, 식혜 등 여러 음식을 취향대로 골라보자. 리조트로 돌아와 풍성한 만찬을 즐겨보는 것도 좋겠다. 전용 주차장이 있어 편리하다.

주소 강원도 속초시 중앙로147번길 12 | **시간** 08:00~24:00(매장에 따라 다름)

반려동물과 함께 즐기는 특별한 호캉스
St.John's Hotel

세인트존스 호텔

#인피니티풀 #반려견동반 #키즈룸

HOTEL

강원도의 수많은 해변 중 둘째가라면 서러울
경포해변과 안목해변 사이 여유로운 바다
풍경을 즐길 수 있는 강문해변에 자리한
호텔이다. 3개의 호텔 건물, 총 1091개의
객실을 갖추어 강원도에서 가장 큰 규모를
자랑한다. 건물마다 레스토랑, 노래방, 수영
장, 런닝맨 체험관 등 다양한 엔터테인먼트
시설이 있다. 단순하게 호텔이라고 정의하기
보다는 복합 문화 공간이라는 수식어가 더
잘 어울리는 이유다.
가족 여행객을 위한 두 가지 타입의 키즈 룸
을 구비했으며 얼마 전부터는 쿠킹 클래스,
실내외 액티비티 등이 포함된 키즈 클래스를
운영한다. 반려견과 함께 숙박할 수 있는
전용 객실은 물론이고 레스토랑을 포함해
호텔 내 거의 모든 시설을 반려견과 함께
이용할 수 있는 펫 프렌들리 호텔이기도
하다. 반려견과 함께 여행을 떠나고 싶은
가족에게 최고의 선택이 되어줄 것이다.

INFO

성급	★★★★
체크인·아웃	월~목요일 15:00, 금~일요일·공휴일·성수기 16:00 /11:00
요금	₩110,000~
추천	4~10세
주소	강원도 강릉시 창해로 307
홈페이지	www.stjohns.co.kr
전화번호	033-660-9000

1 : 아이들을 위한 배려로 가득한 키즈 룸

키즈 전용 침대와 베개, 테이블은 물론이
고 아이의 체형을 고려한 가운과 세면대
계단 등 객실 곳곳에 아이를 위한 배려가
가득하다. 유명 캐릭터로 채운 키즈 룸은
아니지만 귀여운 동물과 바다 친구들이
그려진 객실은 아이에게 함박웃음을 선사
하기에 부족함이 없다.

2 : 날씨에 따라 열고 닫히는 오토 돔 인피니티 수영장

푸르른 해송 숲 너머 끝없이 이어지는 바다를 한눈에 담을 수 있는 인피니티 수영장이다. 천장이 자동으로 여닫히는 오토 돔 시스템으로 맑은 날에는 야외 수영장으로, 비가 오거나 궂은 날씨에는 실내 수영장으로 변신한다. 반려견 풀장과 카바나 시설을 갖추어 반려견과도 함께 입장할 수 있다.

3 : 아이들이 원하는 모든 것! 세인트 키즈 클럽

쿠킹, 아트, 야외 액티비티 등 시간대별로 다양한 프로그램으로 구성된 키즈 클래스는 아이에게는 특별한 즐거움을, 부모님에게는 편안한 휴식을 선물한다. 원하는 프로그램만 선택해 이용할 수도 있고 오전이나 오후, 올 데이 클래스 참여도 가능하다. 선착순으로 진행하는 프로그램으로 사전 예약은 필수!

4 : 반려동물과 함께하는 펫 프렌들리 호텔

반려견 전용 수영장, 도그 파크, 반려견 전용 음료와 식사 메뉴까지 모두 갖추어 대부분의 호텔 시설을 반려견과 함께 이용할 수 있다. 평소 반려견과 여행을 떠나고 싶어 했던 가족들에게 이보다 더 완벽한 호텔은 없을 것이다. 선착순으로 반려견 유모차 대여도 가능하다(1시간당 5,000원, 종일 20,000원).

1

아이들의 상상력과 호기심을 자극하는 두 가지 타입의 키즈 룸

세인트존스 호텔의 키즈 룸은 유명 캐릭터와 장난감으로 가득한 화려한 모습은 아니지만 객실 곳곳 아이를 위한 섬세한 배려로 가득하다. 종이접기로 만든 듯 이색적인 동물이 그려진 슈페리어 키즈 트윈 룸과 커다란 배 모양의 2층 침대가 놓인 그랑 블루 스위트 키즈 룸, 두 가지 타입으로 예약할 수 있다.

세 가지 콘셉트로 꾸민 슈페리어 키즈 트윈 룸은 벽지와 어린이 침대, 쿠션과 커튼에 각각 귀여운 공룡이 그려져 있기도 하고, 돌고래와 해마 같은 바다 친구 혹은 코끼리와 사자 등의 동물이 등장하기도 한다. 아이 전용 테이블과 의자, 세면대 계단과 키즈 가운 등도 비치되어 있다. 냉장고를 열면 기본으로 제공하는 생수 2병 외에 어린이용 생수가 놓여 있다는 것도 감동 포인트. 어린이 침대 옆으로 부모님을 위한 더블 침대를 나란히 배치해 엑스트라 베드 없이 최대 3인 가족이 편안하게 숙박할 수 있다. 욕실에는 욕조 없이 샤워 부스만 갖추었다.

아이가 2명 이상이라면 넉넉한 사이즈의 그랑 블루

스위트 키즈 룸을 추천한다. 침실과 거실이 분리된 구조로 침실에는 부모님의 편안한 잠자리를 위한 넉넉한 킹 사이즈 침대가, 거실에는 아이들의 침대 겸 놀이 공간인 벙커 침대가 있다. 가족을 위한 휴식 공간도 여유로운 편이다. 욕실에는 욕조가 있으며 샤워 부스와 화장실 역시 각각 분리되어 편안하게 이용할 수 있다.

Facilities
실내 수영장의 아늑함과 인피니티 풀의 전망을 한 번에

파인타워 6층에 문을 연 파인 풀은 끝없이 펼쳐진 아름다운 강문해변이 한눈에 보이는 독보적인 뷰를 자랑한다. 365일 온수로 운영하는 것은 물론이고 날씨에 따라 천장의 돔이 여닫히는 오픈 돔 시스템을 적용해 비가 오거나 추운 날씨에도 자유롭게 수영을 즐길 수 있다. 맑은 날에는 천장이 활짝 열려 야외 수영장이 되었다가 날이 흐리면 닫혀 아늑한 실내 수영장으로 변신한다.

총 길이 38m, 1.1m 수심의 수영장으로 키 1.3m 이하 어린이는 구명조끼를 착용하거나 보호자와 동반 입수해야 한다. 기준 신장 미만 어린이는 지름 1m 이하 튜브 혹은 구명조끼 사용을 권장하며 구명조끼는 무료로 대여할 수 있다. 수영모는 원하지 않는다면 착용하지 않아도 된다.

키 1.3m 이상의 어린이와 어른이 이용할 수 있는 워터 슬라이드도 있다. 6층 건물 위에 세운 덕분에 슬라이드 꼭대기에 서면 생각보다 스릴 넘치는 즐거움을 만끽할 수 있다. 따뜻한 물이 솟아오르는 자쿠지에서

편안한 휴식을 즐길 수도 있다.

반려견과 함께 입장 가능하며 반려견 전용 풀장도 마련되어 있다. 반려견을 위한 목욕 머신과 드라이어 룸을 갖추었으며, 카바나 공간을 예약하면 반려견과 함께 프라이빗 수영을 즐길 수 있다.

또 하나의 수영장인 오션 풀은 호텔 최고 층인 16층에 자리한다. 인공 야자수로 꾸민 길이 33m 인피니티 풀로 강문해변을 아찔하게 내려다볼 수 있어 파인 풀과는 또 다른 매력이 있다. 다만 여름에만 성인 전용으로 운영하며 성수기 한정으로 어린이 입장을 허용한다(시즌마다 변동).

• 파인 풀
위치 파인타워 6층
운영 시간 08:00~22:00(브레이크 타임 : 10:30~11:30)
요금(투숙객 선구매 기준) 만 13세 이상 40,000원, 만 3~12세 25,000원, 반려견 15,000원
* 1박 기준 체크인 후부터 체크아웃 전까지 이용 가능
카바나 & 자쿠지 70,000원

Kids Club
다채로운 키즈 액티비티 프로그램

아이들 눈높이에 맞춰 쉽고 재미있게 만드는 쿠킹 클래스와 창의력과 예술적 재능을 키워주는 아트 클래스, 다양한 작품을 만들어보는 드로잉 클래스 등 실내 액티비티와 함께 세인트존스 호텔 내 〈그대 나의 뮤즈〉 전시 관람, 다양한 해양 생물을 직접 보고 배울 수 있는 경포 아쿠아리움을 방문하는 야외 액티비티까지 다양한 프로그램을 운영한다. 덕분에 아이에게는 색다른 경험과 특별한 추억을 만들어주고, 부모님에게는 편안한 휴식을 누리는 여유로운 호캉스가 되어준다.

클래스별 요일과 시간이 정해져 있어 원하는 프로그램만 선택해 참여하거나 오전 클래스 혹은 오후 클래스에 연속해서 참여할 수도 있다. 올 데이 클래스에 참여하는 경우 점심 식사가 포함된다. 프로그램의 구성과 시간은 시즌에 따라 조금씩 변동된다. 홈페이지를 통해 미리 확인한 후 예약하는 것을 추천한다.

세인트 키즈 클럽의 대상 연령은 5~11세로 해당 연령이 아닌 경우 참여가 제한된다. 아이의 나이를 확인할 수 있는 증명 서류(의료보험증, 가족관계증명서 등)를 미리 준비하는 것이 필수다. 선착순 사전 예약제로 운영하며 참여 전일까지 전화로 예약할 수 있다(당일 예약 불가).

위치 오션타워 4층
운영 시간 09:50~17:10
요금 20,000원~
예약 문의 033-660-9593(예약 가능 시간 : 09:00~12:00, 13:00~18:00)

Dining
베이커리부터 라운지까지 취향대로 골라 즐기는 레스토랑

갓 구운 빵과 유명 디저트로 가득한 베이커리 앙팡. 신선하고 풍성한 해산물 요리를 선보이는 오 크랩, 울창한 소나무 숲과 해변이 이어지는 감성 라운지 더 그라운드, 아날로그 감성 가득한 레트로 레스토랑 경양식 1982 등 세계 각국의 다양한 음식과 디저트까지. 굳이 호텔을 벗어나 멀리 나가지 않아도 눈과 입이 즐거운 미식 여행이 가능하다.

그중에서도 단연 인기 있는 레스토랑은 자유로운 분위기의 감성 라운지인 더그라운드일 것이다. 화려한 조명과 편안한 빈백 소파가 놓인 실내도 좋지만 파라솔과 해먹을 설치한 야외 좌석에 앉아 있노라면 동남아 휴양지에 놀러 온 듯한 분위기를 느낄 수 있다. 오전 11시부터 주문 가능한 점심 메뉴는 오리지널 수제 버거와 파스타, 키즈 볶음밥 등이 있으며 오후 5시부터는 그릴 모둠 BBQ 플래터와 시푸드 타워 등 스페셜 메뉴를 맛볼 수 있다. 압도적인 맛과 비주얼을 자랑하는 돈마호크 스테이크도 인기 메뉴다.

호텔 내 모든 레스토랑은 반려견 동반 입장 가능하며

앙팡에는 반려견 전용 식사 메뉴가, 경양식 1982에는 반려견을 위한 놀이터가 마련되어 있다.

Photo
Essay

저는 어린 시절부터 운동엔 영 소질이 없었어요. 수영은 물론이고 자전거 타기도 최근에 겨우 배

웠을 정도니까요. 이런 저와는 다르게 아이는 수영을 무척 좋아해요. 제가 호캉스 가자고 하면

가장 먼저 "수영장 있어요?" 하고 물어볼 정도예요. 수영을 못하는 제가 호캉스를 즐기며 가장

행복한 순간은 수영장이 잘 보이는 선베드에 누워 아이의 수영 실력을 감상하는 순간이에요.

날이 갈수록 늘어가는 아이의 실력을 영상으로 담아두는 것도 제 몫이랍니다.

역주행의 아이콘이라 불리는 브레이브 걸스의 '롤
린' 뮤직비디오 촬영 장소가 세인트존스 호텔 오
션 풀이라는 이야기를 들었어요. 여름에만 운영하
고 성인 전용이지만 성수기에는 아이들이 입장할
수 있기에 이른 아침 아이와 수영장으로 향했답니
다. 덕분에 끝없이 펼쳐진 바다를 배경으로 인생
사진을 남겼어요. 아무도 없는 수영장을 바라보며
"엄마가 널 위해 수영장 전체를 빌렸어"라는 허
세 섞인 멘트를 날리는 것도 잊지 않았죠.

여름 성수기임에도 호텔 앞 강문해변은 신기하리만큼 한산했어요. 바다 수영을 하겠다는 아이를 겨우 말리고 모래사장을 산책하며 시간을 보냈답니다. 모래 놀이도 하고, 나무 그네를 타기도 하고, 해먹에 누워 휴식을 즐기기도 했어요. 그러다 발견한 커다란 말 조형물에 올라타보겠다는 아이. 실제로 움직이는 말도 아닌데 잔뜩 겁먹은 표정으로 포즈를 취하더라고요. "민아야, 걱정 마, 절대 안 움직여!"

세인트존스 호텔에 아이가 가장 좋아하는 TV 프로그램인 〈런닝맨〉 체험관이 있다는 소식을 접하고는 호텔에 갈 날만을 손꼽아 기다렸어요. 제한 시간 1시간 안에 총 24개의 다양한 미션 수행에 성공해 빙고를 완성해야 했답니다. 병 세우기, 모양 맞추기, 자전거 등 아쉽게도 첫 방문에서는 달랑 1줄의 빙고만 완성했지만, 두 번째 방문에서 드디어 모든 미션을 클리어하고 빙고판을 완성해 명예의 전당에 올랐어요. 덕분에 엄청난 성취감을 맛볼 수 있었답니다!

PIC A PIC!

호캉스의 추억을 오래도록 간직해줄 포토 스폿을 모으고 모았다!
결국 남는 것은 사진뿐. 호캉스의 시간을 찍고 찍고 또 찍어보자.

📷 **푸른 바다와 이어진 인피니티 파인 풀**

파인 풀 중앙에 존재감을 드러내며 서 있는 'I SEA U' 조형물은 푸르른 바다를 배경으로 환상적인 기념사진을 담기에 더없이 좋은 포토 존이다. 동해의 특성상 역광 사진을 촬영할 수밖에 없는 오전보다는 태양이 서쪽으로 넘어가기 시작하는 오후를 공략한다면 다채로운 색감을 오롯이 담은 사진을 찍을 수 있다.

Plus Tip : 이것도 놓치지 말자!

✛ 색다른 경험, 런닝맨 체험관

#런닝맨체험관 #강릉런닝맨
#GangneungRunningman

인기 방송 프로그램 〈런닝맨〉의 멤버가 되어 다양한 미션을 수행하는 체험 공간이다. 이지, 노멀, 하드 등 세 단계가 있으며 24개의 미션을 모두 성공해 빙고판을 완성하면 된다. 미취학 아동에게는 다소 버거운 미션이 대부분이라 초등학생 이상 어린이에게 추천한다. 호텔 투숙객을 위한 할인 프로모션을 수시로 진행하며 〈그대 나의 뮤즈〉 전시와 패키지 상품으로 예약하면 보다 저렴하게 이용할 수 있다.

위치 파인타워 2층
이용 시간 10:00~18:00
요금 16,000원

추천 1 반나절 여행 코스

체크아웃 ➡ 강문해변 ➡ 허균·허난설헌기념공원 ➡ 초당두부마을

강문해변

강원도를 대표하는 해변인 경포해변과 맞닿아 있지만 관광객이 비교적 적어 아이와 함께 여유로운 시간을 보낼 수 있다. 한여름에는 가벼운 해수욕을 즐기거나 넓은 모래사장에 앉아 멋스러운 모래성을 쌓으며 가족만의 시간을 보내는 것도 추천한다. 나무 그네와 하늘계단 등 해변 곳곳에 세운 이색적인 조형물과 놀이 공간을 발견해보는 즐거움도 놓치지 말자.

주소 강원도 강릉시 강문동 159-43

허균·허난설헌기념공원

우리나라 최초의 한글 소설 〈홍길동전〉을 지은 허균과 그의 누나이자 천재 시인으로 알려진 허난설헌을 기리기 위해 설립한 공원이다. 공원 내부로 들어서면 허난설헌이 태어난 집터와 동상, 기념관 등이 있다. 강원도 문화재자료로 등록된 초당동 고택 내부를 관람할 수 있으며 기념관 안에는 허균과 허난설헌의 작품이 전시되어 있다.

주소 강원도 강릉시 난설헌로193번길 1-29 | **전화** 033-640-4798 | **시간** 화~일요일 09:00~18:00(월요일 휴무) | **가격** 무료

초당두부마을

강릉에서 가장 유명한 먹거리인 초당 순두부 전문 맛집이 모여 있는 골목으로 순두부, 두부전골, 모두부 등 다양한 두부 요리를 맛볼 수 있다. 초당 두부는 바닷물을 간수로 사용하기 때문에 다른 지역 두부보다 더 부드럽고 깊은 맛을 내는 것이 특징이다. 별다른 양념 없이 고소하고 담백한 두부 본연의 맛을 느낄 수 있는 순두부는 아이들과 함께 먹기에도 좋다.

주소 강원도 강릉시 초당동 20-1 일대

천 년 고도 여행이 완성되는 곳!

Lotte Resort Buyeo

롯데리조트 부여

#천년고도부여 #아울렛도문화단지도바로옆 #워터파크도있다 #빼빼로캐릭터룸

천 년의 시간을 고스란히 간직한 부여의 정겨운 시가지를 살짝 벗어나 낙화암이 곧추선 백마강 건너 웅장한 백제문을 지나면 또 하나의 신세계가 펼쳐진다.

역사공원과 리조트, 아울렛이 한데 어우러진 백제문화단지가 바로 그곳. 그리고 거기 오늘의 목적지 부여의 롯데리조트가 자리 잡고 있다.

배움과 쉼, 서로 다른 두 여행을 함께 누려볼 수 있는 옛 도시로의 여행. 둥근 기와 지붕 아래 늘어선 열주 너머, 투명한 로비로 들어선 순간 이제까지와는 다른 특별한 호캉스가 시작될지도 모른다.

INFO

성급	—
체크인·아웃	15:00 / 11:00
요금	₩135,000~
추천	3~12세
주소	충남 부여시 규암면 백제문로 400
홈페이지	www.lotteresort.com/buyeo/ko/about
전화번호	041-939-1000

1 : 호캉스가 곧 여행! 리조트를 품은 백제문화단지에서의 하룻밤

지방으로 떠나는 호캉스, 숙박 예약만 하면 끝일 거라 생각했다면 오산! 밥은 어디서 먹을지, 또 어디를 함께 여행하면 좋을지 고민하다 보면 쉼을 위한 건지 고생을 위한 건지 알 수 없는 답답함이 몰려올지도 모른다.

다행스럽게도 가족과 함께하는 호캉스의 목적지로 롯데리조트 부여를 선택했다면 이런 고민은 내려놓아도 좋겠다. 리조트 바로 옆, 볼거리와 즐길 거리가 풍성한 백제문화단지가 자리하기 때문. 쉼과 볼거리, 두 마리 토끼를 잡을 수 있는 부여로 떠나자. 당신의 고민도 그만큼 줄어들 것이다.

2 : '빼빼로'도 '말랑이'도 만나보자! 롯데리조트 부여만의 캐릭터 룸

롯데에서 운영하는 리그드이기에 아이들에게 친숙한 롯데 제과의 제품을 테마로 한 특별한 캐릭터 룸을 만나볼 수 있다. 누구나 아는 '빼빼로'와 말랑카우의 '말랑이'를 주인공으로 삼은 캐릭터 룸이 바로 그것. 룸 타입에 따라 키즈 텐트 또는 아이만을 위한 미니 다락이 설치되어 있으며, 웅진싱크빅과 협업해 제공하는 어린이 도서를 객실 내에 비치했다. 아이들을 위한 소소한 장난감과 간식, 전용 어메니티까지 제공하니, 이게 진짜 아이를 위한 호캉스라는 생각이 절로 들게 한다.

3 : 아이들이 놀기 딱 좋은 워터파크, 부여 아쿠아가든

투숙객이 무료로 이용할 수 있는 수영장은 없지만, 어린아이가 놀기 딱 좋은 워터파크가 리조트 내에 위치한다. 다양한 즐길 거리가 있는 실내 존과 여유로운 실외 존을 모두 갖춘 부여 아쿠아가든이 바로 그곳. 다이내믹한 슬라이드나 거대한 파도 풀은 없지만, 대부분의 풀이 잔잔하고 수심도 얕아 3세 이하 어린아이들도 안전하고 편안하게 물놀이를 즐길 수 있다. 물대포와 미끄럼틀, 페달 보트 등 수중 놀이 기구도 다양하게 갖추었다.

Rooms & Amenities
다 합치면 무려 24 타입! 선택이 즐거운 롯데리조트의 객실

롯데리조트 부여는 형태와 면적 등에 따라 구분할 수 있는 다양한 객실 타입을 보유했다. 가장 먼저 확인해야 할 것은 객실 내 취사 가능 여부. 이에 따라 클린형 객실(불가)과 콘도형 객실(가능)로 나뉘는데, 여행의 목적과 성격에 따라 원하는 쪽을 선택하자.

먼저 취사가 불가능한 클린형 객실 중 가장 기본 타입은 디럭스(58㎡) 룸. 그중 더블 및 트윈 룸의 경우 최대 정원이 2인이어서 엄마, 아빠가 아이와 함께 투숙할 수 없으므로, 최대 정원이 3인인 패밀리 트윈 룸을 선택해야 한다. 4인 가족이 함께 투숙하고자 한다면 클린 패밀리(76㎡) 룸이나 클린 스위트 더블/트윈(102㎡) 룸을 눈여겨보자. 비교적 여유로운 면적을 자랑하는 객실로, 휴식을 위한 곳과 잠자는 곳을 효율적으로 분할해 공간의 쓰임새를 높였다. 무엇보다 숙박 요금이 매우 합리적이어서 상대적으로 예약률이 높은 편이라고.

롯데리조트의 다양한 객실 중에서도 아이들의 인기를 독차지하는 객실은 따로 있었으니, 롯데제과와의 컬래버레이션으로 완성한 '말랑이'와 '빼빼로' 캐릭터(76㎡) 룸이 바로 그 주인공. 말랑카우와 빼빼로 캐릭터를 테마로 객실 인테리어와 가구, 놀이 기구와 교구, 비품과 어메니티까지 그 모든 것을 채웠다. 미니 다락이 있는 A 타입과 키즈 텐트가 비치된 B 타입으로 나뉘며, 유아 전용 어메니티와 집기, 무료 다과 등을 제공한다. '맥포머스' 등 아이들이 좋아할 장난감과 함께 웅진싱크빅의 이야기책과 태블릿(체크인 시 프런트에서 대여)도 제공한다.

이유식을 챙겨야 하거나 가족과 함께 객실 내에서 먹고 마시는 여행을 선호한다면, 객실 내 취사가 가능한 콘도형 객실을 선택하자. 클린형 객실의 그것과 거의 동일한 조건의 패밀리(76㎡) 더블/트윈 룸이나 스위트(102㎡) 더블/트윈 룸 등을 예약할 수 있는데, 기본적인 조리 도구는 물론 집기까지 갖춘 키친을 마음껏 사용할 수 있다. 동일 타입 기준 클린형 객실 대비 10% 정도 요금이 높다는 점을 미리 알아두자.

Facilities
세심함이 모여 만들어낸 소박한 '키즈 프렌들리' 리조트

롯데리조트 부여를 찾은 대부분의 투숙객은 아마도 아쿠아가든(10:00~18:00, 시즌에 따라 다름)을 염두에 두고 이곳을 찾았을 것이다. 풍성한 재미를 더해 줄 실내 존과 여유로운 쉼을 선사할 실외 존을 모두 갖춰 아이들과 엄마, 아빠 모두 더할 나위 없는 즐거움을 누릴 수 있는 롯데리조트 부여의 워터파크 아쿠아가든을 지금 만나보자.

아쿠아가든의 중심이 되는 실내 존에는 메인 풀을 중심으로 유수 풀과 바데 풀 등이 차례로 자리 잡고 있다. 슬라이드와 같이 이렇다 할 어트랙션이 있는 것은 아니지만 어린아이들도 안전하게 물놀이를 즐길 수 있도록 기본에 충실하다는 느낌을 주니 오히려 안심이 되는 것도 같다. 아이들이 놀 수 있는 풀도 수심 0.4m의 유아 풀과 0.6m의 어린이 풀로 세분화했으며, 서로 다른 높이의 슬라이드와 함께 페달 보트를 탈 수 있는 존도 마련해 깊은 물에서 노는 것이 벅찬 어린아이들에게도 매우 다양한 즐거움을 선사한다. 메인 풀에 설치한 수동 물대포와 물폭탄 등은 다

른 워터파크에선 보기 힘든 이곳만의 시그니처. 문제가 있다면 아이보다 아빠가 더 즐거워한다는 것.

실외 존에서는 수심 1.2m의 성인 풀과 0.8m의 어린이 풀을 만나볼 수 있다. 아이들의 시선을 끄는 놀 거리는 없지만, 웬만한 호텔 수영장과 견주어도 밀리지 않을 것 같은 실외 존은 아이와 함께 포토제닉한 사진을 찍기에 더할 나위 없이 좋다고.

그 외에 웅진북클럽과 컬래버레이션해 조성한 달달숲(09:00~18:00)도 놓치지 말자. 캐릭터 객실 층 복도에 위치한 소박한 공간으로, 연령별로 큐레이팅한 이야기책이 한쪽 벽면을 가득 채웠으며, 아이들이 뛰어 놀 수 있는 미끄럼틀도 있다. 대단한 기구가 있는 것은 아니지만, 별도의 예약을 할 필요 없이 객실 바로 옆에서 즐길 수 있다는 것이 장점이다. 이와 함께 해적선을 콘셉트로 한 야외 놀이터 캡틴 갤리온 해적선(10:00~18:00)도 마련되어 있으니, 에너지 넘치는 아이 손님은 이쪽으로 발걸음을 옮겨보는 것이 좋겠다.

Dining
다양한 음식, 합리적인 가격,
그 모든 것을 편안하게 즐겨보자!

롯데리조트 부여에는 부담스럽지 않은 가격으로 제법 만족스러운 한 끼 식사가 가능한 레스토랑이 즐비하다. 풍성한 조식 뷔페부터 부여의 특산품을 주재료로 삼은 독특한 시그니처 플레이트까지, 그 어떤 선택이든 가능하게 하는 롯데리조트 부여의 다이닝 스폿을 지금 만나보자.

본디마슬(조식 07:00~10:00, 중식 11:30~14:00, 석식 18:00~22:00)은 이곳의 메인 다이닝 레스토랑으로, 이른 아침에는 풍성한 조식 뷔페 레스토랑으로 운영하고 이후 점심, 저녁에는 다양한 단품 메뉴를 판매하는 식당으로 변모한다. 조식 뷔페도, 단품 메뉴도 가격대가 합리적이어서 부담 없이 이용할 수 있다. 뷔페에서는 서양식 메뉴와 한식 메뉴를 두루 제공하며, 셀프 바에서는 크로플이나 샌드위치 따위를 취향에 따라 직접 만들어 먹을 수도 있다.

비베러디쉬(10:00~21:00)는 리조트 로비에 위치한 밝은 분위기의 브런치 레스토랑이다. 각 테이블에 비치된 태블릿을 이용해 주문하면 로봇이 직접 음식을 가져다준다. 아이들이 좋아하는 것은 당연지사! 그러니 이것저것 자꾸 시키자는 아이들의 성화를 주의해야 할 것. 샐러드, 파스타 등 메인 메뉴부터 에이드나 수프 등 사이드 메뉴까지 음식에 대한 만족도가 전반적으로 높은 편. 부여의 특산품인 밤을 주재료로 하는 밤 크림 프렌치토스트도 도전해볼 만하다. 비베러디쉬의 음식은 모두 룸 딜리버리(유료 배달)를 통해 객실에서도 편안히 즐길 수 있다. 객실에 비치된 태블릿을 통해 주문하며, 체크아웃 시 프런트에서 한꺼번에 결제하면 된다.

그 외에도 세계 맥주 펍이나 노천에서 셀프 BBQ를 즐길 수 있는 마당도 보유했으니, 리조트 내에서만 며칠을 머물더라도 먹을 것 걱정 없이 시간을 보낼 수 있을 듯하다.

Services & ETC
당신의 후캉스를 더욱 풍성하게 할 바로 그곳, 백제문화단지

롯데리조트 바로 맞은편으로는 약 3,000,000m² 규모의 백제문화단지가 위치한다. 국내 최초로 재현된 삼국시대의 궁궐과 다양한 건축물을 만나볼 수 있는 곳으로, 옛 백제의 도읍이었던 사비(부여의 옛 이름)의 궁성과 생활문화마을, 역사문화관 등을 두루 둘러볼 수 있다. 능사는 능산리 사찰 유적을 1:1로 재현했고, 고분공원의 일곱 고분은 부여 지역에서 출토된 귀족들의 무덤을 이전해 복원한 것이다. 원형을 완벽하게 재현한 것은 아니지만, 부여와 백제 전반의 생활상을 알아볼 수 있어 교육적으로도 훌륭한 여행지라 할 수 있다. 어린아이와 함께 방문한다면, 전체를 도보로 여행하기보다는 사비로 열차(화~일요일 09:00~17:00, 19:00~21:00)를 타는 편이 좋겠다. 사비성 주변을 순환하며, 중간에 하차할 수도 있다.

백제문화단지 바로 옆에는 롯데아울렛 부여점이 있다. 입점한 브랜드나 전체적인 구성은 전국 롯데아울렛과 다를 것이 없어 굳이 이곳에서 쇼핑을 즐길 필요는 없겠지만, 국내에서 유일하게 전통 건축양식과 형상을 차용해 독특한 분위기를 자아내니 잠시 들러보는 것도 좋을 듯하다. 낮보다는 저녁 무렵에 훨씬 차분하고 사랑스럽다.

리조트와 매우 가까워 굳이 방문하지 않는 것이 더 이상한 곳. 더욱 풍성한 호캉스를 위해 백제문화단지로 짧은 걸음을 해보자. 그 고즈넉함이 당신과 아이들의 쉼을 더욱 매력적으로 만들어줄지 모르니까.

PIC A PIC!

호캉스의 추억을 오래도록 간직해줄 포토 스폿을 모으고 모았다!
결국 남는 것은 사진뿐. 호캉스의 시간을 찍고 찍고 또 찍어보자.

📷 롯데리조트의 얼굴 로비 앞 열주랑

단아한 배흘림 기둥, 곡선형의 평면을 따라 이어지
는 지붕 선, 그리고 화려한 색채감을 입은 리조트의
입면까지. 어제와 오늘을 이어주는 독보적인 분위
기의 공간 속에 우리 아이를 살포시 초대하자.

📷 특급호텔 부럽지 않은 아쿠아가든 실외 존

아쿠아가든 실외 존에 위치한 성인 풀도 꽤 괜찮은
포토 스폿이다. 시원한 풀과 인공 폭포 너머, 리조
트 건물의 모던함과 기와지붕의 유려함을 한 프레
임에 담아보자.

Plus Tip : 이것도 놓치지 말자!

+ 롯데리조트 부여를 똑 닮은 키즈 프로그램, 빼빼로 프렌즈와 과자집 만들기

빼빼로와 여러 과자를 이용해 과자집을 만드는 키즈 프로그램을 운영한
다. 무엇보다 체크인/아웃 전후 시간을 이용할 수 있도록 배려했다는 점
이 엄마와 아빠의 마음을 움직인다. 48개월 이상인 아이만 참여할 수 있
으며, 토~일요일 오전 11시와 오후 2시에 진행한다. 사전 예약 필수.

반나절 여행 코스

체크아웃 ➡ 백제문화단지 백제역사문화관 ➡ 롯데아울렛 부여점 ➡ 궁남지

백제문화단지 백제역사문화관

백제문화단지의 주인공이라고 할 수 있는 사비궁 정면에 위치한 곳. 백제의 역사와 문화를 쉽게 이해할 수 있도록 멀티미디어를 활용한 다양한 전시물을 선보인다. 규모가 크지 않으므로 백제문화단지를 둘러보기 전 잠시 들르기 좋다. 사비궁과 사비로 열차 매표소도 함께 위치한다.

주소 충남 부여군 백제문로 455 | **시간** 화~일요일 09:00~17:00(하절기 ~18:00, 4~12월 야간 개장 ~22:00) | **가격** 역사관 + 문화단지 어른 6,000원, 어린이 3,000원, 36개월 미만 무료 | **홈페이지** www.bhm.or.kr

롯데아울렛 부여점

여느 아울렛과 크게 다르지는 않지만, 전통 건축양식을 차용한 공간이 묘한 분위기를 자아낸다. 밤이 되면 조명과 함께 더욱 빛을 발하는데, 밝게 빛나는 처마 선의 모습이 꽤 아름답다고. 키즈 브랜드 매장이 다양한 편이니, 구경 삼아 들러보는 것도 좋겠다.

주소 충남 부여군 백제문로 387 | **시간** 10:30~20:30(시즌에 따라 다름) | **홈페이지** www.lotteshopping.com/branchShopGuide/floorGuideSub?cstr=0345

궁남지

백제문화단지를 벗어나 부여 시내로 들어가보자. 궁남지는 현존하는 국내 최고(最古)의 인공 연못으로 알려져 있으며 '서동요'의 전설이 깃들었다 전해진다. 아이와 함께 산책하듯 걷기에 제격이니 다양한 수생식물이 자라는 크고 작은 연못 사이를 거닐어보자. 몸과 마음이 정화되는 느낌을 받을지도 모른다.

주소 충남 부여군 궁남로 52 | **시간** 24시간 | **가격** 무료

PART 4

부산
&
경상도

· · ·

시그니엘 부산
아난티 힐튼 부산
파라다이스 호텔 부산
라한셀렉트 경주

시그니엘의 품격이 부산에 상륙했다!

Signiel Busan

시그니엘 부산

#해운대 #랜드마크 #오션뷰도있고 #하버뷰도있다 #인피니티풀

'부산 하면 해운대, 해운대 하면 부산'이라는 공식에 이견을 갖기란 쉽지 않을 것 같다. 과거에는 '대한민국 최고의 해수욕장'이라는 타이틀로, 또 지금은 수많은 마천루가 빚어내는 독보적인 스카이라인으로 명성을 떨치고 있으니, 해운대는 부산 그 자체이며 부산 여행의 가장 중요한 '버킷 리스트'라 할 수 있으리라.

2017년 서울, 롯데 호텔의 최상위 브랜드 시그니엘의 오픈은 그 자체로 센세이션이었다. 우리나라 최고(最高)라는 건축물의 인지도뿐 아니라, 시설과 서비스 모두 대한민국 최고였기 때문. 그로부터 3년, 서울의 명성을 바탕으로 또 하나의 시그니엘이 부산 해운대에도 문을 열었다. 포토제닉한 해변과 동백섬의 오롯한 아름다움, 미포항의 다채로움과 와우산 너머 정겨운 도시 풍경까지 모두 마주할 수 있는 곳. 전 객실 오션 뷰라는 특별함 속에서 온전한 휴식을 경험하고자 한다면, 바로 여기 시그니엘 부산을 주목해 보자.

INFO

성급	★★★★★
체크인·아웃	15:00 / 11:00
요금	₩300,000~
추천	2~5세
주소	부산 해운대구 달맞이길 30
홈페이지	www.lottehotel.com/busan-signiel/ko.html
전화번호	051-922-1000

1 : 뷰가 다 했다! 바다에 의한, 바다를 위한, 바다의 호텔!

아이와 함께 부산으로의 호캉스를 선택한 당신을 위해 시그니엘 부산은 기꺼이 숨 막히는 바다 풍경을 선사할 것이다. 서쪽으로는 해운대와 동백섬을, 동쪽으로는 미포항과 와우산을 마주해 어떤 타입의 객실을 선택하더라도 오롯한 오션 뷰를 누릴 수 있으며, 260개의 객실 중 대부분이 바다를 마주한 테라스를 보유하고 있다는 점도 시그니엘 부산의 놓칠 수 없는 매력. 쉬지 않고 밀려드는 파도 소리의 청량함을 만끽해 보자.

2 : 시그니엘의 투숙객이라면 누구든지 누릴 수 있는 라운지, 살롱 드 시그니엘

시그니엘이 특별한 또 다른 이유, 살롱 드 시그니엘을 주목해보자. 살롱 드 시그니엘은 호텔에 묵는 투숙객이라면 누구나 입장할 수 있는 투숙객 전용 라운지로 이른 아침부터 늦은 저녁(07:00~22:00)까지 음료, 스낵과 함께 여유로운 휴식을 즐길 수 있는 '리프레시먼트 스페이스'다. 소위 해피아워라고 하는 '샴페인 타임(17:00~20:00)'에는 샴페인과 로제 와인까지 무료로

즐길 수 있으며, 무엇보다 비즈니스 영역과 패밀리 영역으로 나뉘어 있어 아이들과 함께해도 부담 없이 이용할 수 있다는 점이 큰 매력.

일반적인 클럽 라운지처럼 다양한 핫밀을 내놓지는 않지만, 투숙객 누구에게나 무료로 주어지는 서비스인 만큼 시그니엘 부산만의 럭셔리하고 세심한 서비스를 온전히 즐겨보자.

3 : 인피니티 풀도, 럭셔리한 실내 수영장도 마음껏 즐겨라!

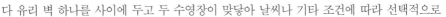
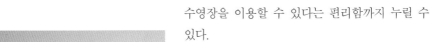

해운대의 찬란한 바다 풍경을 마주하고 수영을 즐기고 싶은 사람도, 날씨 걱정 없이 편안하게 수영을 즐기고 싶은 사람도, 여기 시그니엘 부산에서라면 모자람 없는 만족을 느낄 수 있을 것 같다. 사계절 온수 풀로 운영하는 인피니티 풀과 널찍하고 여유로운 실내 수영장을 모두 만나볼 수 있기 때문. 무엇보다 유리 벽 하나를 사이에 두고 두 수영장이 맞닿아 날씨나 기타 조건에 따라 선택적으로 수영장을 이용할 수 있다는 편리함까지 누릴 수 있다.

동백섬 너머로 해가 지고, 해변을 따라 늘어선 고급 호텔과 주거 단지마다 하나둘 불이 켜지면 인피니티 풀은 더욱 큰 매력을 뿜어내기 시작한다. 서늘한 바닷바람과 도시를 밝힌 불빛을 벗 삼아 풀 안에 몸을 담그면 아이 어른 할 것 없이 "크으~" 하는 감탄사를 연발하게 될지도 모른다.

Rooms & Amenities
다양함과 세심함, 럭셔리함은 그 속에 숨어 있다!

시그니엘 부산의 객실을 예약하는 것은 생각보다 어려운 일이다. 스위트룸을 포함해 모두 8개 타입의 객실을 보유하고 있는데, 저마다 매력이 달라 선택이 쉽지 않기 때문. 중요한 건 그 어떤 객실을 선택해도 충분히 만족할 거리가 많다는 것이다. 무엇보다 2020년 문을 연 '신상' 호텔이다 보니 하나부터 열까지 모든 게 새것이라는 것과 부산의 아기자기한 도시 풍경과 탁 트인 바다 풍경을 모두 마주할 수 있다는 것은 더할 나위 없는 메리트라고 할 수 있겠다.

가장 기본이 되는 객실 타입은 그랜드 디럭스 룸으로 동쪽의 미포항과 문탠로드를 조망할 수 있는 파셜 오션 뷰 룸이다. 객실 면적은 34~37m²로 넓지 않은 편. 아이와 함께 투숙하고자 한다면 프리미어 룸 이상의 객실을 선택하는 것이 좋다. 여유가 된다면 이곳의 매력을 가장 잘 보여주는 시그니엘 프리미어 룸을 선택해보자. 코너 룸의 장점을 극대화했기에, 미포항과 해운대 양쪽 바다를 모두 조망할 수 있다. 이탈리아 럭셔리 침구 브랜드 프레떼(Frette)와 협업

해 제작한 시그니엘의 베딩은 투숙객에게 최고의 안락함과 편안한 잠자리를 선사하기에 부족함이 없다. 무엇보다 한실 베개, 메모리 폼, 양모 베개 등 다섯 가지 타입 중 자신의 취향에 꼭 맞는 베개를 선택해 이용할 수 있도록 한 점도 주목할 만하다.

넓고 화려한 욕실은 시그니엘 부산이 지닌 또 하나의 매력. 샤워 부스는 분리되어 있고, 욕조 또한 큰 편이어서 아이와 입욕을 즐기기에 모자람이 없다. 욕실용품으로는 딥티크(Diptyque) 제품을 제공하는데, 니치 향수 명가의 제품답게 향이 매우 좋다는 평이 자자하다. 또 배스 솔트와 배스 티를 제공하는 등 더욱 편안한 쉼을 선사하겠다는 세심함이 엿보인다. 예약 시 아이와 함께 투숙하는 것을 알려준다면, 오이보스(Eubos)의 욕실용품과 아이 전용 슬리퍼와 가운 등을 객실에 비치해준다.

Facilities

아이와 함께하는 당신을 위한 모든 것,
실내 수영장과 인피니티 풀, 키즈 라운지와 가든 테라스까지!

아이와 함께하는 호캉스를 위해 시그니엘 부산을 선택한 당신. 다양하고 풍성한 부대시설과 함께 어린이 투숙객을 위한 공간들까지 함께 둘러본다면, 그 선택이 틀리지 않았음을 여실히 느끼게 될 것이다.

이국적인 분위기의 인피니티 풀(09:00~22:00)과 럭셔리하고 편안한 느낌을 주는 실내 수영장(06:00~22:00)은 시그니엘 부산의 상징과도 같은 공간. 아이와 함께하기에 알맞은 수온과 다양한 수심, 따뜻한 플런지 풀과 무료 선라운저까지. 보기에 좋은 떡이 먹기에도 좋은 것처럼 포토제닉한 시그니엘 부산의 수영장은 아이와 함께 즐거운 시간을 보내기에 모자람이 없다.

36개월부터 10세까지 아이와 함께 시그니엘을 방문한다면 키즈 라운지(10:00~18:00)도 주목해보자. 라이브러리 & 블록 존과 액티비티 플레이 존을 모두 갖춰 동적인 놀이와 정적인 놀이가 모두 가능하다. 아이들의 호기심을 자극하는 서적을 보유해 책을 좋아하는 아이들에게도 인기가 많고, 컬러 트리와 슬라이드가 있는

숲 놀이터는 남자아이들에게 특히 인기라고. 키즈 라운지를 마주한 가든 테라스(06:00~22:00)에서는 가족들과 여유롭게 해운대의 풍경을 만끽할 수 있다.

수영을 즐기고 미끄럼틀도 실컷 탔다면 이제 엄마와 아빠의 시간. 마침 늦은 오후가 되었다면 투숙객 전용 라운지 살롱 드 시그니엘에 가보자. 각종 샴페인을 무료로 즐길 수 있는 '샴페인 타임'이라면 더 좋겠다. 가벼운 스낵과 함께 아이들은 유기농 주스, 엄마와 아빠는 스파클링 와인을 마시며 여유로운 시간을 보내자. 오롯한 쉼의 시간은 그렇게 완성된다.

Dining
바다를 마주하며 즐기는 아침 식사의 여유로움, 더 뷰

안락한 객실, 풍성한 부대시설과 함께 제대로 된 호캉스를 완성해주는 또 하나의 요소로서 조식 뷔페를 빼놓을 수 없다. 시그니엘 부산이 자랑하는 레스토랑 더 뷰(조식 06:30~10:00)는 파노라믹한 통유리창 너머로 물밀 듯 밀려드는 바다 풍경과 함께 다양한 음식을 즐길 수 있는 올 데이 뷔페 레스토랑이다. 8개의 쇼 키친과 그를 둘러싼 푸드 스테이션에서 신선한 제철 식재료로 빚어낸 다양한 세계의 음식을 맛보자. 각 재료 본연의 풍미를 중시해 만든 음식 하나하나도 수준급이지만, 식전 커피와 함께 갓 짜낸 디톡스 주스를 선사하는 세심함을 다시 한번 경험하노라면 "역시 시그니엘"이라는 감탄사가 절로 나온다.

Services & ETC
온전한 호캉스를 완성하는 시그니엘 부산의 서비스

작은 부분도 놓치지 않는 세심한 서비스는 '호캉스 명가' 시그니엘 부산의 상징이라 할 수 있겠다. 당신이 호텔에 발을 딛는 순간부터 체크인을 거쳐 객실을 마주하는 순간까지 직원들이 동행하는 에스코트 서비스, 체크인을 환영한다는 의미로 제공되는 웰컴 티와 웰컴 레터 서비스, 취침 전 다시 한번 객실을 정비하는 턴다운 서비스, 무료 셔츠 다림질과 구두 닦음 서비스까지. 일일이 열거하기 힘든 작지만 정성 어린 서비스를 시그니엘의 모든 투숙객에게 조건 없이 제공한다.

그 모든 서비스가 수많은 직원들의 세심함에서 비롯된다는 점은 의심의 여지가 없을 것이다. 두 눈으로 슬쩍 보기에도 많은 수의 직원들이 곳곳에서 투숙객

의 도움 요청을 기다리고 있다는 게 느껴질 정도인데, 덕분에 투숙객들은 무언가 필요할 때마다 훨씬 더 신속하고 정확한 서비스를 받을 수 있는 것이리라.

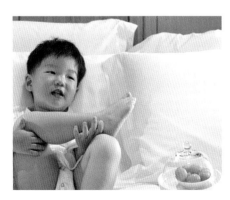

시그니엘 부산에 대한 마음속 점수는 이미 첫 순간에 결정된 것 같아요. 택시에서 내려 로비에 들어선 순간 두 눈을 사로잡은 건 거대하고 럭셔리한 공간보다, 바다를 연상시키는 푸른 옷의 직원들이었어요.

기다릴 것도 없이 신속하게 체크인을 마치고 나니 두 직원분이 우리 가족을 엘리베이터로 안내해줍니다. 아이가 엘리베이터에 오를 땐 혹여 다치지 않을까 두 분이 승강기 양쪽 문을 잡아주었죠. 그저 서비스 매뉴얼을 따른 것일지도 모르지만, 그 손길에서 더없이 따뜻함을 느낄 수 있었어요. 한 분은 인사를 남긴 뒤 떠나고 다른 한 분은 우리를 객실까지 에스코트해줍니다. 그러곤 객실의 모든 것을 하나하나 설명해주었어요. 공간에 대해서, 침구에 대해서, 비치된 집기류에 대해서는 물론 전동 커튼과 TV 사용법까지.

편안하게 머무시라는 인사와 함께 그가 떠나고 나니, 잠시 후 웰컴 티가 도착했습니다. 호텔의 시그니처 티와 한과가 정갈한 다기 세트에 담겨 왔어요. 시그니엘 부산에서의 제대로 된 휴양이 이제 막 시작된 거예요.

반나절 여행 코스

추천

체크아웃 ⟹ 엑스 더 스카이 ⟹ 해운대해수욕장 ⟹ 동백섬 ⟹ 해운대블루라인파크

엑스 더 스카이(X the Sky)

잠실 롯데월드타워에 위치한 서울 스카이에 이어 대한민국 두 번째 높이를 자랑하는 전망대로 호텔동 건물 98~100층에 자리한다. 해발 411.6m라는 어마어마한 높이를 자랑하며, 멋스러운 해안선을 뽐내는 이기대와 광안대교 풍경은 물론 도시 전역을 내려다볼 수 있다.

주소 부산시 해운대구 달맞이길 30 | **시간** 10:00~21:00 | **가격** 어른 27,000원, 어린이(만 3~12세) 24,000원, 36개월 미만 무료입장 | **홈페이지** www.busanxthesky.com

해운대해수욕장

백사장 길이만 1.5km에 달하는 부산 최고의 해수욕장이자 대한민국 대표 해수욕장. 여름 성수기뿐 아니라 언제든 여행자들로 북적이기에 1년 365일 축제 분위기를 만끽할 수 있다. 딱히 해수욕에 관심이 없다면 해변 산책로를 걸어보자. 도시와 바다 사이를 가르는 긴 산책로를 걷노라면 더할 나위 없는 여유로움을 만끽할 수 있을 테니까.

주소 부산시 해운대구 우동 | **시간** 24시간

동백섬

겨울 동백이 아름답다 하여 붙은 이름이지만 엄밀히 말하면 섬은 아니다. 20분 정도면 여유로이 돌아볼 수 있는데, 동쪽의 해운대와 서쪽의 광안대교 풍경을 모두 눈에 담을 수 있어 인기. 해운대라는 이름을 지은 최치원의 동상과 친필로 '海雲臺'라 쓴 바위를 둘러보고, APEC 공식 회의장이던 누리마루 APEC하우스와 인사를 나누자.

주소 부산시 해운대구 우동 710-1 | **시간** 24시간

해운대 블루라인파크

동해남부선의 폐선 구간을 이용한 해변 관광열차로 미포 - 송정 간 4.8km 구간을 왕복 운행하며 기암절벽 위를 달리는 열차 안에서 동해의 풍경을 마주할 수 있다. 스카이캡슐을 선택하면 지면에서 10m 위 고가 레일을 따라 달리는 4인승 케이블카를 타고 조금 더 여유롭고 프라이빗한 시간을 보낼 수 있다.

주소 부산시 해운대구 청사포로 116 | **시간** 09:30~19:00(시즌에 따라 21:00까지 연장 운행) | **가격** 해변열차 7,000원~, 스카이캡슐 30,000원~ | **홈페이지** www.bluelinepark.com

아난티의 스타일리시함과 힐튼의 품격이 만났다!

Ananti Hilton Busan

아난티 힐튼 부산

#분위기실화냐 #수영장만3개 #동급최대인피니티풀 #호텔속모든곳이 #인스타성지

HOTEL

부산의 도심을 떠나 동북쪽으로 30분쯤 이동
하면 여행자들을 기다리는 기장의 바다를
마주할 수 있다. 손으로 빚은 듯 멋스러운
기암괴석과 파도가 조우하는 특별한 바다
앞, 당신과 우리를 특별한 하룻밤으로
초대할 순백의 건축물, 쉼을 위한 호캉스의
절대 강자, 부산 호텔 여행의 정점에 선
아난티 힐튼 부산이 바로 그곳이다.
넓음을 넘어 광활하기까지 한 인피니티 풀과
호화로운 분위기를 자아내는 루프톱 맥퀸즈
풀, 또 객실마다 바다를 마주한 커다란
욕조가 하나씩 자리해 더없이 특별한 쉼의
시간을 보낼 수 있는 곳. 이제까지와는 다른
특별한 호캉스를 원하는 당신, 미니멀한
건축물과 이국적인 분위기 속에서 오롯한
휴식을 취하고자 하는 당신을 아난티 힐튼
부산이 기다리고 있다. 지금 부산 기장의
바다로 떠나보자.

INFO

성급	★★★★★
체크인·아웃	15:00 / 11:00
요금	₩275,000~
추천	3~12세
주소	부산시 기장군 기장읍 기장해안로 268-32
홈페이지	www.anantihiltonbusan.co.kr
전화번호	051-509-1111

Highlight

1 : 40m에 달하는 초대형 인피니티 풀! 무한한 즐거움을 누려라!

아난티 힐튼 부산을 호캉스의 목적지로 선택한 이들 중 열에 아홉은 바다를 마주한 인피니티 풀의 이국적인 풍경에 매료되어 이곳을 택한 것이리라. 가로와 세로 각각 40m와 20m에 달하는 독보적인 크기의 풀 바로 몇 걸음 너머에는 기장의 푸르디푸른 바다가 숨결처럼 넘실댄다. 남국으로 떠난 여행에서나 마주할 법한 풍경을 오롯이 품고 있어 더없이 특별한 쉼의 시간을 선사하는 아난티 힐튼 부산. 바다를 향해 무한히 확장될 것만 같은 인피니티 풀에 몸을 담그고 여유와 즐거움을 만끽해보자. 거기가 바로 별세계, 지상 낙원이 될 것이다.

2 : 기장의 바다를 마주한 테라스와 대형 욕조, 여기가 바로 '인증샷 맛집'

드롭오프 존, 웰컴 로비와 체그인 로비, 특유의 품격을 자아내는 힐튼의 공간을 뒤로하고 객실로 발을 들여보자. 사실 아난티 힐튼 부산의 매력이 폭발하는 공간은 다름 아닌 객실. 모던함과 내추럴함이 적절히 조화를 이룬 객실의 저편 끝, 거기 당신과 아이들에게 더할 나위 없는 쉼과 즐거움을 선사할 개별 테라스와 대형 욕조가 바다를 마주한 채 기다리고 있다.

자, 이제 당신의 감각이 이 모든 것을 깊이 만끽할 시간. 햇살 가득한 아침 바다를 바라보는 것도, 소금기 가득한 특유의 바다 내음을 깊숙이 들이마시는 것도 좋으리라. 규칙적으로 밀려드는 물소리를 듣는 일도, 바닷바람의 서늘함을 마주해보는 것도 물론 좋을 터다. 테라스 난간에 기대어 선 채든, 욕조에 거품 가득 받아두고 거기 몸을 담근 채든 무슨 상관이랴. 그 순간을 오롯이 즐길 수만 있다면 아난티 힐튼에서 누리는 최고의 순간이 완성될 것이다.

3 : 이보다 더 아름다울 수 없다! 오시리아 해안 산책로

호텔의 하드웨어와 그를 둘러싼 주변 환경이 이렇듯 완벽하게 조화를 이룬 곳이 또 있을까 싶다. 아난티 힐튼 부산의 남쪽 끝, 동암항에서 시작된 해안 산책로는 아난티 타운과 호텔을 휘돌아 북쪽으로 이어지는데, 넓은 잔디밭과 기암이 어우러진 해변 사이에 위치해 구간 내내 숨 막히는 풍광을 선사한다. 전체 길이는 2km에 달하지만 호텔 앞 구간만 걸어도 매력을 충분히 만끽할 수 있으니,

해안 산책로를 잠시나마 걸어보는 것은 어떨까. 더없이 아름다운 기장 바다와 함께 멋스러운 가족사진 한 장 남기는 것도 잊지 말자.

Rooms & Amenities

중후함으로 무장한 310개의 객실, 쉼에 최적화한 공간을 만나보자

아난티 힐튼 부산을 찾은 투숙객의 쉼을 담당하는 공간, 객실로 여행을 떠나보자. 객실은 모두 네 타입으로, 두 종류의 일반 객실과 이그제큐티브 룸, 그리고 스위트로 구분된다. 객실 타입을 세분화하지 않았다는 것은 기본 객실을 포함한 모든 객실이 충분히 여유로운 공간을 바탕으로 동급 이상의 하드웨어를 갖췄다는 증거일 것이다. 실제로 아난티 힐튼의 기본 타입 객실인 디럭스 룸은 테라스 포함 70㎡에 달하는 여유로운 면적과 짜임새 있는 공간을 자랑한다. 객실은 크게 침실 영역, 욕실 영역으로 나뉘는데, 두 영역의 비중이 거의 비슷할 정도로 욕실에 넓은 공간을 할애했다는 점이 특별하다. 와이드 워크인 클로젯, 쌍둥이 세면대와 별도의 샤워 부스가 여유롭게 공간을 채우고, 그 끝에는 객실의 하이라이트, 대형 욕조가 전면 창을 마주하고 있다. 부부와 아이가 함께 들어가 여유롭게 시간을 보내도 될 만큼 넓고 큰 욕조에 근사한 창밖 풍경이 물밀 듯 밀려 들어오니, 아이와 함께 참으로 평온한 한때를 만들어볼 수도 있을

것 같다.

면적과 구성이 같은 객실이지만 층이 높아지면 프리미엄 룸, 클럽 라운지 입장 혜택을 더하면 이그제큐티브 룸이 된다. 이 세 타입의 객실에는 마운틴 뷰와 오션 뷰 객실이 섞여 있다. 마운틴 뷰 룸이 비교적 저렴하지만, 숲을 마주한 경관이 제법 괜찮다는 평. 가장 저렴하게 아난티 힐튼 부산을 즐기고자 한다면 디럭스 중 마운틴 뷰 룸을 선택하면 된다.

Dining
남국으로의 여행을 떠올리게 하는 다이닝 스폿, 다모임과 맥퀸즈 라운지

아난티 힐튼 부산의 인피니티 풀을 마주한 거대 공간, 남국 여행이 떠오르는 매력적인 그 공간 속으로 들어가보자. 이곳은 아난티 힐튼의 올 데이 다이닝 레스토랑 다모임(조식 06:30~10:00)으로 하루 내내 풍성하고 다양한 뷔페 음식을 만나볼 수 있는 곳이다. 2층 높이의 대공간과 전면 창, 그 너머로부터 밀려드는 기장 앞바다와 야외 풀의 이국적 풍경을 벗 삼아 한없이 풍요롭고 더없이 여유로운 아침을 보낼 수 있는 곳으로도 소문이 자자하다. 조식 뷔페는 종류도 많거니와 하나하나 맛도 퀄리티도 훌륭해 미각을 만족시키기에 부족함이 없다. 키즈 메뉴 섹션을 따로 두었다는 점도 주목할 만하다. 주먹밥, 꼬마돈가스, 후리가케 등 아이들이 좋아하는 메뉴를 소담스럽게 차려놓아, 엄마들의 아침밥 걱정을 덜어준다. 오전 8시를 전후로 투숙객들이 몰리기 시작하므로, 다모임의 아침을 제대로 만끽하고자 한다면 그 이전 시간을 노려보는 것이 좋을 듯. 조금만 더 여유를 부려 7시 전에 입장한다면 전면 창 바로 앞 테이블을 배정받아

햇살 가득한 한때를 보낼 수도 있겠다. 48개월 아이까지 무료입장 가능하므로 어린아이들을 둔 가족 단위 투숙객은 이를 잘 활용하자.

아침을 다모임과 함께했다면, 점심과 저녁에는 10층의 맥퀸즈 라운지 & 바(라운지 일~목요일 09:00~22:00 금~토요일 09:00~23:00/바 12:00~21:00)로 향하자. 가벼운 핑거 푸드부터 수준 높은 메인 요리까지 다양하게 즐길 수 있는 곳으로, 여유 넘치는 공간과 편안한 좌석, 눈앞에 펼쳐진 동해의 풍광이 삼박자를 이뤄 여행자들의 오감을 건드리는 매력 넘치는 다이닝 스폿이다. 분위기가 이처럼 힙한데도, 아이와 함께 부담 없이 찾을 수 있다는 점도 맥퀸즈 라운지 & 바의 장점이다. 아난티 힐튼의 모든 공간이 아름답고 빼어난 경관을 자랑하지만, 가장 높은 곳에 위치한 이곳 라운지와 바만큼 특별한 뷰를 보여주는 곳은 없으리라. 입과 눈이 모두 즐거운 맥퀸즈 라운지 & 바에서 당신의 호캉스에 점을 찍어보는 것도 좋겠다.

Facilities

취향 따라 골라보자!
풍성한 즐거움을 선사하는 아난티 힐튼 부산의 럭셔리 수영장

바다를 마주한 광활한 풀, 그를 둘러싼 호화로운 온수 풀과 키즈 풀, 남국을 떠오르게 하는 카바나의 군집, 그리고 이 모든 것을 아우르는 기장의 멋스러운 바다. 이처럼 완벽한 화려함과 독보적인 스케일을 품은 곳, 바로 아난티 힐튼 부산의 인피니티 풀(08:00~20:30, 동계 미운영)이다. 규모가 발휘하는 힘은 생각보다 훨씬 크다. 가로와 세로가 각각 40m와 20m에 달하는 광활한 풀은 한여름 성수기에도 붐빌 줄을 모른다. 호캉스를 온 건지 도떼기시장에 온 건지 헷갈릴 정도로 붐비는 여타 수영장들과는 비교 자체를 불허하는 여유로움. 그것이 바로 규모의 힘이다. 메인 풀 주변에는 체온 유지를 위한 온수 풀과 수심 0.6m의 키즈 풀이 따로 마련되어, 상황과 취향에 따라 이곳저곳을 옮겨 다니며 호화로운 시간을 보낼 수도 있다. 무료로 운영하는 선베드도 넉넉하지만, 어린 아이들과 함께라면 카바나(4인, 유료)를 대여하는 것도 좋을 듯하다. 예약은 4시간 단위로 가능한데, 낮잠이나 짧은 휴식이 필요한 아이들이 있는 가족에게

특히 유용하다고. 남국의 휴양지를 떠오르게 하는 모양새 덕분에 사진발도 제법 잘 받아서 아이들과 함께 특별한 사진을 남기기에도 좋다.

메인 인피니티 풀과 함께 아난티 힐튼 부산은 두 곳의 수영장을 더 보유하고 있다. 여름에만 운영하는 2층의 성인 전용 인피니티 풀과 함께 주목해야 할 곳은 바로 10층의 맥퀸즈 풀(06:00~22:00, 유료)이다. 실내 풀이라 계절에 상관없이 이용할 수 있는 것은 물론, 실내에 있음에도 동해를 마주한 전면 창과 드넓은 천창 덕분에 실외처럼 밝고 따스한 분위기가 압권이라고. 24m 길이의 메인 풀과 수심 0.5m의 키즈 풀, 체온 유지를 위한 온수 풀이 자리한 실내와 더불어 자쿠지와 월풀, 건식 사우나가 있는 실외 테라스 존을 함께 운영해 여러모로 다양한 즐거움과 독보적인 편안함을 누릴 수 있는 곳이 바로 맥퀸즈 풀이다. 짙은 나뭇빛 인테리어가 선사하는 매력적인 중후함과 남국의 식물들이 뿜어내는 싱그러움이 어우러지는 공간. 그 안에서 더없이 특별한 쉼의 시간을 만끽해보자.

Services & ETC
당신의 호캉스에 완벽함을 더해줄, 아난티 타운

멤버십 전용 리조트 아난티 코브(Ananti Cove) 내에 자리한 아난티 힐튼 부산. 호텔과 함께 아난티 코브의 일부로 자리한 아난티 타운도 놓치지 말자. 아난티 타운은 오시리아 해안 산책로를 마주하는 저

층부의 상업 시설을 말한다. 호텔에서 직접 운영하는 매장은 아니지만 재기 발랄한 콘셉트와 아기자기한 인테리어, 수준급 음식과 음료까지 맛볼 수 있어 투숙 중 재미 삼아 들러보기 좋다. '타운'이라는 이름처럼 각각의 매장이 별동으로 구성되어 그 사이사이를 골목길 탐방하듯 구경하는 재미가 있다. 여행을 콘셉트로 하는 편집숍이자 북 스토어 이터널 저니(월~금요일 10:00~21:00, 토~일요일·공휴일 09:00~21:00)와 이연복 셰프의 중식당 목란(화~일요일 11:20~15:00, 16:50~21:00), 그리고 저마다 개성 넘치는 분위기를 자랑하는 커피 맛 좋은 카페까지 한데 어우러져 있으니, 체크인 전이나 체크아웃 후에 여유롭게 들러보는 것도 좋을 듯하다.

PIC A PIC!

호캉스의 추억을 오래도록 간직해줄 포토 스폿을 모으고 모았다!
결국 남는 것은 사진뿐. 호캉스의 시간을 찍고 찍고 또 찍어보자.

📷 갤러리와 같은 **아난티 힐튼의 로비**

드롭오프 존에서 체크인 로비로 이어지는 웰컴 스
페이스는 아난티 힐튼과의 첫 만남이 이루어지는
공간. 호캉스의 설레는 첫 순간을 담아보자.

📷 기장의 바다와 조우하는 **인피니티 풀**

동급 최강 인피니티 풀이 바로 여기에 있다. 몇 걸
음만 다가서면 닿을 듯 바다와 가까이 마주해 아난
티 힐튼 부산 최고의 포토 스폿으로 꼽힌다.

📷 나 홀로 오롯이 **객실 테라스 & 욕조**

테라스와 욕조에서의 한 컷 또한 놓치지 말자. 거품
을 가득 내 욕조를 채우고 반신욕을 즐기는 아이의
사진은 보는 것만으로도 기분이 좋아진다.

📷 호텔과 바다 사이 **오시리아 해안 산책로**

막 찍어도 예술이 된다. 싱그러운 잔디밭과 푸른 바
다를 배경에 담고 그 프레임 속에 사랑스러운 아이
를 살포시 얹어, 호캉스의 맑고 푸르른 순간을 남겨
보자.

Plus Tip : 이것도 놓치지 말자!

+ 멤버십은 선택이 아닌 필수! 알뜰하게 맥퀸즈 풀을 즐겨보자!

아난티 힐튼 부산의 여러 수영장 중 유일한 실내 풀인 맥퀸즈 풀. 인피니티 풀을 운영하지 않는 동절기에도 오픈하는 유일한 수영장이지만, 유료라는 점이 다소 아쉽다. 이때 유용한 것이 바로 힐튼의 멤버십 프로그램인 힐튼 아너스(Hilton Honors). 등급제이긴 하지만 가입만 하면 부여되는 일반 멤버 등급(블루) 투숙객에게도 요금 할인 혜택을 제공한다. 할인율이 40%에 달하니 잊지 말고 혜택을 받자.

+ 3시 도착은 늦어요! 기다리지 않으려면 여유 있게 호텔에 도착하자

객실 수가 많기 때문이기도 하겠지만, 성수기나 주말에는 매번 만실에 가까운 예약률을 자랑하는 아난티 힐튼 부산이기에 투숙객이 한꺼번에 몰려 체크인이 지연되는 일이 종종 발생한다. 어쩌다 한번 하는 호캉스, 기다리다가 지치지 않기 위해서라도 조금 여유 있게 호텔에 도착하는 센스를 발휘해보자. 호캉스의 시간은 금이다!

+ 해동용궁사와 롯데월드 매직 포레스트, 부산의 어제와 오늘을 여행해보자

아난티 힐튼 부산이 위치한 곳은 오시리아 관광단지의 일부. 빼어난 해안 경관을 자랑하는 해동용궁사와 롯데월드가 야심차게 준비한 국내 두 번째 테마파크 롯데월드 매직 포레스트가 가까운 곳에 위치해, 당신의 호캉스를 더욱 풍성하게 해준다. 롯데아울렛 동부산점과 이케아 동부산점도 인접해 있으므로, 가볍게 쇼핑을 즐기거나 식사를 해결할 수도 있다.

모자람 없는 즐거움과 여유를 누릴 수 있는 호캉스 맛집

Paradise Hotel Busan

파라다이스 호텔 부산

#야외온천 #라운지파라다이스 #BMW키즈드라이빙

부산에서 가장 유명한 해수욕장인 해운대 바로 앞. 고운 모래사장과 드넓은 바다가 한눈에 들어오는 명당에 자리 잡은 특급 호텔이다. 해운대를 한눈에 내려다볼 수 있는 오션 테라스 객실을 포함해 총 532개의 객실을 보유했다.

사계절 온수가 제공되는 야외 수영장과 100% 온천수를 이용한 오션 스파 씨메르, 국내외 저명한 예술가들의 작품까지. 부산을 대표하는 최고의 호텔이라는 명성답게 풍부한 볼거리와 편안한 휴식을 제공한다. 특히 다양한 교통 법규를 알려주는 BMW 키즈 드라이빙, 독일 명품 원목 교구로 꾸민 키즈 라운지와 북 클럽 등 아이들을 위한 다양한 놀이 시설을 갖추어 아이와 호캉스를 즐기기 더없이 좋다. 모자람 없는 즐거움과 여유가 가득한 이곳이야말로 진정한 호캉스 맛집이다.

INFO

성급	★★★★★
체크인·아웃	15:00 / 11:30
요금	₩350,000원~
추천	4~10세
주소	부산시 해운대구 해운대해변로 296
홈페이지	www.busanparadisehotel.co.kr
전화번호	051-749-2111

1 : 호텔에서 누리는 최고의 힐링 테라피 야외 온천 씨메르

하늘과 바다가 맞닿은 듯한 풍경이 펼쳐지는 야외 온천이다. 따뜻한 온천수에 몸을 담그고 수평선을 바라보고 있노라면 세상의 모든 걱정이 눈 녹듯 사라지는 것같이 느껴지기도 한다. 아침부터 늦은 밤까지 오픈해 태양의 움직임에 따라 시시각각 다른 풍경을 눈에 담을 수 있다.

2 : 베스트 드라이버가 되어보는 BMW 키즈 드라이빙

독일의 명차 브랜드 BMW 키즈 자동
차를 타고 특별한 드라이빙을 경험할
수 있다. 실제 도로 상황을 재현한 모
의 도로에서 아이들이 직접 운전을 할
수도 있고, 보행자가 되어볼 수도 있
다. 자연스럽게 다양한 교통 법규를
익히며 진정한 베스트 드라이버가 될
수 있다.

3 : 해운대와 맞닿은 느낌의 야외 수영장

4층 높이에 조성해 하늘 위 작은 바다로 불리기도 한다. 사계절
온수로 운영하는 메인 풀과 바다와 정면으로 마주할 수 있는
인피니티 스파 풀이 함께 자리한다. 늦은 오후 환상적인 해운대
선셋을 바라보며 아이들과 수영을 즐겨보는 것은 어떨까?

4 : 온 가족이 함께 즐기는 게임 공간 플레이 랩

레이싱 존, 스포츠 존, 저스트
댄스 등 최신 트렌드에 맞는
다채로운 게임과 추억의 오
락실 게임이 공존하는 특별
한 공간이다. 게임을 즐기기
위한 별도의 코인은 필요 없
다. 스트레스를 마음껏 날려
버릴 충분한 시간만이 필요
할 뿐이다.

Rooms
해운대를 한눈에 내려다볼 수 있는 오션 테라스

부산 해운대의 터줏대감답게 해운대 중심, 가장 좋은 명당에서 관광객을 맞이하는 호텔이다. 1987년 문을 연 이후 30년이 훌쩍 넘는 시간이 흘렀지만 꾸준히 객실을 정비하고 트렌드에 맞는 부대시설을 하나 둘 오픈했다. 덕분에 새롭게 들어선 주변의 특급 호텔과의 객실 경쟁에서도 전혀 밀리지 않는다.

본관과 신관을 포함한 총 532개의 객실은 디럭스, 프리미엄 디럭스, 스위트, 스페셜 스위트 등으로 나뉜다. 가장 기본이 되는 디럭스 룸은 객실에서 보이는 뷰에 따라 시티, 오션, 오션 테라스 등 세 가지 뷰의 객실 중 선택할 수 있다. 당연하겠지만 시티보다는 오션이, 오션보다는 오션 테라스 룸이 조금 더 비싸다. 그럼에도 파라다이스 호텔 부산에 머문다면 무조건 해운대가 한눈에 내려다보이는 오션 테라스 룸을 선택하길 추천한다. 신관의 오션 객실은 바다가 부분적으로 보이는 파셜 오션 뷰다.

파라다이스 호텔 부산에서 가장 인기 있는 객실은 신관 디럭스 오션 테라스다. 본관에도 오션 테라스 객실이 있지만 신관이 본관보다 비교적 최근에 오픈했기 때문이다. 테라스에는 티 테이블이 놓여 있으며 해운대가 보이는 최고의 전망을 자랑한다. 기준 인원은 2명으로 13세 이하 어린이는 요금 추가 없이 객실당 2명까지 투숙 가능하다. 엑스트라 베드를 추가할 경우 72,600원의 요금이 추가되며 본관과 달리 신관은 엑스트라 베드 대신 소파 베드로 제공한다.

오션 테라스와 오션 객실은 뷰 외에도 욕실 구조에 차이가 있다. 오션 테라스 욕실에는 욕조와 함께 샤워 부스가 설치되어 있다. 화장실은 별도로 구분되어 있다. 오션 객실에는 샤워 부스 없이 욕실 안에 화장실이 함께 있다. 두 객실 모두 칫솔을 포함한 어메니티를 잘 갖추었으며 샤워 가운과 슬리퍼 역시 투숙 인원에 맞게 준비된다. 생수와 티, 인스턴트커피도 준비되어 있다.

Facilities
최고의 전망을 자랑하는 오션 스파 씨메르

파라다이스 호텔 부산을 꾸준히 많은 사람들에게 사랑받게 한 일등 공신은 야외 온천 씨메르일 것이다. 프랑스어로 하늘(Le Ciel)에 바다(La Mer)를 더해 탄생한 씨메르(Cimer)는 이름처럼 하늘과 바다가 맞닿은 듯한 아름다운 경관을 자랑한다. 온천수 관리 프로그램을 이용해 100% 천연 온천수로 운영하며 고분자 정수 시스템으로 최상의 수질을 유지하고 있다. 씨메르는 바다, 자연, 치유, 휴식, 키즈 등 다섯 가지 테마로 구성되어 있다. 수평선에 맞춰 높게 설계한 바다 구역에서는 해운대를 가장 가까이서 바라볼 수 있다. 자연을 테마로 한 스파는 레몬, 유자, 벚꽃 등 시즌마다 다른 콘셉트로 옷을 갈아입는다. 치유의 공간에서는 버블 마사지를 즐길 수 있으며 개별 칸막이가 있어 누워서 마사지를 받는 듯 편안한 느낌을 준다. 원적외선이 방출되는 청옥 건식 사우나는 편안한 휴식 공간을 제공한다. 키즈 자쿠지와 워터 스프레이는 별도 공간에 설치해 아이들이 마음껏 뛰어놀 수 있다.

수영복 착용 후 입장 가능하며 튜브나 비치볼 등 물놀이용품은 이용할 수 없다. 이동하기 편한 아쿠아 슈즈나 슬리퍼를 준비하는 것이 좋다.
객실 예약 시 씨메르 1회 입장이 포함되어 있다. 1박에 2회 이상 이용할 예정이라면 이용 횟수 제한이 없는 패키지 예약을 추천한다.

위치 본관 4층
운영 시간 08:00~21:50 4부제 운영/키즈 존 휴장(~3.31)/넷째 주 수요일 휴무

인피니티 스파 풀이 있는 야외 수영장

신관 4층에 자리 잡은 수영장으로 넓게 펼쳐진 바다의 해수면과 자연스럽게 이어져 바다 위에서 수영하는 듯한 기분을 느낄 수 있다. 온천수가 흘러나오는 인피니티 스파 풀과 함께 메인 풀 역시 온수로 운영한다. 덕분에 날씨에 상관없이 사계절 수영을 즐길 수 있다. 수영을 좋아하는 아이와 함께라면 씨메르보다 야외 수영장을 추천한다.

메인 풀의 수심은 1.2m다. 안전요원이 상주하긴 하지만 어린아이는 보호자와 함께 입장해야 한다. 튜브나 물놀이용품은 반입할 수 없으며 구명조끼를 무료로 대여할 수 있다. 메인 풀 주변에는 선베드가 준비되어 있는데, 추가 요금 없이 자유롭게 이용 가능하다. 아이들을 위한 키즈 풀이 없다는 점은 다소 아쉬운 부분이다.

수영장 바로 옆 풀사이드 바에서는 수제 버거와 우동, 맥주와 와인 등 다양한 메뉴를 주문해 맛볼 수 있다. 계단을 이용해 한 층 더 올라가면 럭셔리 태닝 존이 있는 루프톱이 나온다. 사방이 유리로 이루어져 바다 위에 떠 있는 듯한 느낌의 사진을 담을 수 있는 포토 존도 있다. 아름다운 전망을 자랑하는 루프톱의 한 가지 아쉬운 점은 성인 전용으로 운영한다는 것이다. 오션 스파 씨메르와 마찬가지로 객실 예약 시 1박 기준 1회 이용이 포함되어 있다. 2회 이상 이용할 예정이라면 횟수 제한이 없는 패키지 예약을 추천한다.

위치 신관 4층
운영 시간 08:00~21:50/루프톱(성인 전용) 08:00~20:00/4부제 운영/넷째 주 수요일 휴무

Check Point 4

Lounge
완벽한 호캉스를 완성해주는 라운지 파라다이스

14세 이상 출입 가능한 본관 이그제큐티브 라운지와 다르게 신관의 라운지 파라다이스는 49개월 이상 어린이와 함께 입장할 수 있다. 1박 2일 기준으로 성인 121,000원, 어린이 60,500원을 지불하면 여유로운 조식 뷔페와 달콤한 디저트가 가득한 티타임, 무제한 주류를 무제한으로 제공하는 해피아워까지 시간대별로 자유롭게 이용할 수 있다. 호텔에 머무는 동안 대부분의 식사를 라운지에서 해결할 수 있으니 그야말로 완벽한 호캉스가 완성된다고 할 수 있겠다.

파라다이스 호텔 부산의 메인 조식 뷔페인 온 더 플레이트에서 제공하는 음식과는 비교가 안 될 정도로 단출한 구성이지만 오믈렛과 볶음밥, 불고기, 소시지, 샐러드 등 아침 식사로는 부족함 없는 메뉴를 제공한다. 수프와 빵, 과일 등으로 가볍게 아침을 먹을 수도 있다. 예약 인원을 제한해 운영하는 공간으로 메인 조식 뷔페와 달리 한층 여유로운 아침 식사가 가능하다.

티타임에는 전문 파티시에가 직접 만든 마카롱과 마들렌, 치즈 케이크 등 달콤한 디저트와 함께 제철 과일이 준비된다. 점심 식사로는 다소 부족할 수 있지만 당 충전은 가능하다.

와인과 맥주를 무제한 제공하는 해피아워는 라운지 파라다이스의 하이라이트라고 할 수 있다. 간단한 핑거 푸드 외에도 빵, 닭고기, 전복, 새우, 훈제 연어, 튀김 등 배를 든든하게 채워줄 음식도 다양하게 준비된다. 밥 종류가 없어 8세 이하 어린아이와 함께한다면 다소 아쉬운 구성일 수도 있겠다. 라운지 파라다이스 이용 시 개별 컨시어지 서비스와 함께 익스프레스 체크인과 체크아웃이 가능하다.

위치 신관 1층
운영 시간 07:00~22:00
            조식 I 07:00~10:00
            티타임 I 12:00~17:00
            해피아워 I 18:00~21:00
요금(1박 2일 기준) 어른 121,000원, 49개월~초등학생 60,500원

5

Kids Club
아이들을 위한 최고의 놀이 공간, 키즈 빌리지

신관 지하 1층에 마련된 약 1,322m² 규모의 대형 실내 키즈 빌리지는 총 네 가지 테마로 아이들을 기다린다. 독일의 BMW 그룹에서 만든 미취학 아동 전용 드라이빙 존 BMW 키즈 드라이빙, 플레이스테이션, VR 등 다양한 콘솔 게임을 즐길 수 있는 플레이 랩, 명품 원목 교구 하바(HABA)로 꾸민 하바 키즈 라운지, 웅진 씽크빅에서 제공하는 연령별 도서를 구비한 웅진 북 클럽이 있다. 이 모든 시설은 투숙객 전용으로 객실 예약 시 1회씩 무료로 이용할 수 있다.

BMW 키즈 드라이빙 존에서는 교통 표지판 읽기, 교통사고 발생 상황 교육 등 아이들에게 다양한 교통 법규를 쉽고 재미있게 교육한다. 직접 자동차를 운전하거나 보행자가 되어 역할극을 즐길 수도 있다.

플레이 랩에는 최신 트렌드에 맞는 VR, 액티비티 콘텐츠는 물론이고 추억의 오락실까지 다채로운 게임 콘텐츠가 준비되어 있다. 아이들은 물론 어른들도 즐거운 시간을 보낼 수 있다.

하바 키즈 라운지와 웅진 북 클럽은 같은 공간에서 운영하며 블록 쌓기와 미끄럼틀 등의 놀이와 함께 아이들의 연령에 맞는 다양한 도서 학습과 디지털 콘텐츠를 체험할 수 있다.

위치 신관 지하 1층
운영 시간 10:00~19:00(점심시간 : 13:00~14:00)
　　　　　BMW 키즈 드라이빙은 회차별 사전 예약제로 운영

귀여운 자동차를 타고 도로 주행을 체험해볼 수 있는 BMW 키즈 드라이빙 프로그램은 아쉽게도 10대 어린이에게는 허락되지 않았답니다. 훌쩍 커버린 몸으로는 도저히 자동차 의자에 앉을 수 없는 듯 보였어요. 여전히 본인 스스로를 어리다고 생각하는 아이는 자신이 키즈 프로그램에 참여하지 못한다는 사실에 적잖이 충격을 받은 것처럼 보이더라고요. 아쉬운 마음을 달래며 남긴 마스크 쓴 사진에서 실망 열매 100개는 삼킨 듯한 아이의 표정이 느껴지는 건 기분 탓이겠죠?

태어난 순간부터 아이는 제 카메라에 가장 많이 담긴 것은 물론이고 저와 호흡이 가장 잘 맞는 최고의 모델이 되어주었답니다. 아이의 백일 사진도, 아이가 첫 걸음마를 시작했을 때도 저는 열심히 아이 사진을 남겼으니까요. 덕분에 이젠 제 눈빛만 봐도 어떤 포즈를 취해야 할지 척척 알아서 움직이더라고요. 그렇게 탄생한 씨메르에서의 베스트 사진입니다. 앞으로도 엄마의 가장 멋진 모델이 되어주기를.

어느 순간부터 객실을 예약할 때면 꼭 멋진 뷰가 보이는 곳을 선택하곤 해요. 아름다운 풍경을 보며 시작하는 하루는 그렇지 않은 날보다 몇 배는 더 행복하다는 걸 깨달았거든요. 본관보다는 신관, 시티 뷰보다는 오션 뷰를 선택해 예약했는데 바다가 부분적으로 보이는 파셜 오션 뷰라니! 예약할 때 후기를 더 꼼꼼하게 살피지 못한 제 자신을 자책했어요. 잊지 마세요! 파라다이스 호텔 부산에서는 오션 테라스 룸을 예약해야 한다는 사실을!

체크인한 순간부터 수영장과 키즈 빌리지를 오가느라 늦은 밤이 되어서야 해운대 바다를 마주할 수 있었어요. 뜨거운 태양이 사그라지고 나서인지 바닷물이 유난히 차가웠답니다. 그럼에도 바다를 느껴보고 싶었던 아이는 연신 모래사장으로 밀려드는 파도와 '밀당'을 즐기더라고요. 물론 결과는 예상대로 아이의 참패로 끝나고 말았답니다.

PIC A PIC!

호캉스의 추억을 오래도록 간직해줄 포토 스폿을 모으고 모았다!
결국 남는 것은 사진뿐. 호캉스의 시간을 찍고 찍고 또 찍어보자.

📷 환상적인 뷰를 자랑하는 씨메르

아름다운 바다를 배경으로 휴양지에 온 듯한 느낌의 사진을 담을 수 있다. 하지만 아쉽게도 주말은 물론이고 평일에도 투숙객으로 가득해 가족만의 사진을 담기 다소 어려운 공간이기도 하다. 비교적 한적한 이른 오전이나 점심시간에 방문하는 것이 좋다. 은은한 달빛과 조명이 빛나는 늦은 밤 역시 많이 붐비지 않으면서 전혀 다른 분위기를 느낄 수 있어 추천한다.

📷 예술 작품으로 가득한 본관 야외 가든

녹음 짙은 잔디와 나무로 꾸민 야외 가든은 호텔 건물과 해운대를 이어주는 공간이면서 유명 아티스트들의 작품이 가득한 갤러리 공간이기도 하다. 그 중 가장 눈길을 끄는 작품은 해운대를 바라보며 달려나가는 듯한 모습의 조엘 일라이어스 샤피로(Joel Elias Shapiro)의 작품이다. 여신 비너스의 형상을 얇은 대리석에 조각한 사샤 소스노(Sacha Sosno)의 작품도 만나볼 수 있다.

Plus Tip : 이것도 놓치지 말자!

+ 라이브 공연이 펼쳐지는 더 비치 라운지

여름이 다가오면 해운대의 뜨거운 태양을 만끽할 수 있는 파라다이스 야외 가든이 오픈된다. 향기로운 꽃으로
장식한 정원 카페에서 시그니처 음료와 함께 흥겨운 라이브 공연을 즐기다 보면 멀리 가지 않아도 해외 휴양지
로 여행을 떠나온 듯한 분위기를 느낄 수 있다. 우천 등 기상 상황에 따라 운영 시간이 변동되므로 자세한 내용
은 홈페이지를 통해 확인하자.

위치 본관 야외 가든

+ 다양한 혜택을 제공하는 스페셜 패키지

호텔에서 누릴 수 있는 다양한 혜택을 경험하며 온전
한 호캉스를 즐기고 싶다면 여러 프로그램이 포함된
패키지 예약을 추천한다. 레스토랑 할인, 2박 프로모
션 등 가족의 여행 스타일에 따라 원하는 상품을 선택
해 예약할 수 있다. 객실만 예약한 후 현장에서 비용
을 결제하는 것보다 합리적이다. 오션 스파 씨메르와
야외 수영장을 횟수 제한 없이 이용할 수 있는 씨메르
패키지, 라운지 파라다이스 혜택이 포함된 라운지 프
로모션 패키지를 추천한다. 공식 홈페이지를 통해 특
별한 혜택을 더한 패키지가 수시로 업데이트된다.

천 년 고도 경주를 느끼고 체험하는 문화 공간

Lahan Select Gyeongju

라한셀렉트 경주

#키즈테마룸 #키즈라운지 #북캉스

HOTEL

오랜 시간 보문호에서 수많은 관광객을 맞이해온 호텔현대 경주를 라한셀렉트 경주라는 이름으로 리뉴얼해 오픈한 곳이다. 단순하게 이름만 바꾼 것이 아니다. 사계절 자유롭게 즐길 수 있는 실내 수영장, 서점과 전시 공간을 함께 접하는 경주 산책, 가족 여행객을 위한 이색적인 테마 키즈 룸 등 투숙객을 위한 다양한 복합 문화 시설을 갖추었다.

즐거움을 뜻하는 순우리말 '라온'과 한국의 '한(韓)'을 조합해 탄생시킨 라한호텔의 이름에는 한국의 환대 문화를 기본으로 투숙객에게 다양한 즐거움을 선사한다는 철학이 담겨 있다. 거기에 경주라는 위치적 특성을 고려해 한국적인 분위기의 단아한 인테리어로 디자인했으며, 곳곳에 경주를 느끼고 체험할 수 있는 문화 공간을 마련해 두었다. 단순한 쉼의 공간을 넘어 천 년 고도 경주를 느끼고 체험할 수 있는 이곳에서 호캉스 이상의 풍요로움을 느껴보자.

INFO

성급	★★★★★
체크인·아웃	15:00 / 11:00
요금	₩170,000~
추천	6~13세
주소	경북 경주시 보문로 338
홈페이지	www.lahanhotels.com/gyeongju
전화번호	054-748-2233

1: 이색적인 테마 키즈 룸

언뜻 평범해 보이는 객실 안쪽으로 아이들의 마음을 한 번에 사로잡을 이색적인 테마 룸이 펼쳐진다. 초록빛 나무가 가득한 정글에서 호랑이와 사슴, 기린과 함께 1박 2일 캠핑을 즐길 수도 있고, 요란한 엔진 소리를 내는 자동차 침대에 누워 스피드 넘치는 레이싱에 참가해볼 수도 있다. 상상이 현실로 펼쳐지는 공간에서 보내는 꿈 같은 하룻밤은 아이들에게 잊지 못할 추억이 되어줄 것이다.

2 : 창의적인 상상력이 자라는 세상, 원더랜드

아이에게는 물론이고 어른에게도 편안한 쉼을 제공하는 라운지다. 실내 스케이트장, 볼 풀, 미끄럼틀 등의 신체 놀이와 함께 주방 놀이, 블록 장난감 등을 통해 아이들이 상상력을 마음껏 펼쳐볼 수 있다. 부모님을 위한 웰컴 드링크를 제공하며 아이들을 가까이에서 바라볼 수 있는 편안한 소파를 곳곳에 비치했다.

3 : 전문 큐레이터가 선별한 북 스토어 & 카페, 경주 산책

베스트셀러부터 독립 서적까지 전
문 큐레이터가 선별한 다채로운 책
으로 가득한 공간이다. 아이용 도
서를 한곳에 모아두어 아이들이 자
연스럽게 다양한 주제의 책을 접할
수 있다. 책을 읽을 수 있는 여유로
운 카페가 자리하며, 다양한 음료
와 스낵도 판매한다. 1박 2일 호텔
에 머물며 아이들과 북캉스를 즐기
기 안성맞춤이다.

Kids Room
아이들의 상상력이 자라는 키즈 테마 룸

많은 호텔에서 다양한 콘셉트의 키즈 룸을 선보이고 있지만 정글과 캠핑을 결합한 테마 룸은 라한셀렉트 경주에서만 만날 수 있는 특별한 공간일 것이다. 캠핑 인 더 정글 키즈 룸은 이름처럼 정글과 캠핑이라는 단어에 충실하게 꾸며져 있다. 초록의 잔디밭 중앙에는 인디언 텐트 침대가 놓여 있다. 정글 깊숙한 곳에나 있을 법한 나무, 호랑이, 기린, 사슴이 침대 주위를 엄호하듯 서 있다. 캠핑 무드를 더해줄 조명과 캠핑 테이블도 빼놓을 수 없다. 아이를 위한 공간에서 벗어나면 익숙한 하얀 침구가 정갈하게 덮인 더블 침대가 눈에 띈다. 샤워실과 욕조가 포함된 메인 욕실과 함께 건식으로 사용 가능한 화장실이 별도로 마련되어 있다. 키즈 룸이지만 어메니티는 한 가지뿐이라 아이를 위한 샴푸와 로션 등은 따로 준비해야 한다. 투숙 가능 인원은 최대 4인으로 엑스트라 베드를 추가할 경우 40,000원의 요금이 추가된다.

실제로 시동이 걸리고 LED 라이트가 켜지는 자동차 침대가 놓인 레이싱 룸은 자동차를 좋아하는 아이에게 특히 인기가 많다. 레이싱 선수로 변신해볼 수 있는 헬멧과 정비용 도구, 크고 작은 자동차 장난감도 곳곳에 비치되어 있다. 캠핑 인 더 정글 키즈 룸과 다른 점이라면 1인용 자동차 침대와 함께 더블 베드, 싱글 베드를 함께 제공하는 트리플 룸으로, 엑스트라 베드 추가 없이 4인이 편하게 숙박할 수 있다는 것이다. 2명의 아이가 서로 자동차 침대를 차지하기 위해 싸움을 벌이는 것까지 막을 수는 없겠지만 말이다. 메인 욕실과 별도로 마련된 화장실, 어메니티는 캠핑 인 더 정글 키즈 룸과 동일하다.

Kids Club
일곱 가지 테마의 다양한 놀이 공간, 원더랜드

사계절 이용 가능한 실내 스케이트장, 다양한 사이즈의 미끄럼틀과 역할 놀이 공간까지. 아이들이 좋아하는 시설을 한곳에 모아놓았다. 모든 시설은 친환경 도료와 마감재를 사용했으며 위험 요소를 배제한 설계로 아이들의 안전까지 고려해 안심하고 즐거운 시간을 보낼 수 있다.

공간은 블록하우스, 리틀 팜 등 다양한 테마로 구성된 7개의 플레이 존으로 나누어져 있다. 백설공주, 아이언맨 등 유명 애니메이션 주인공으로 변신할 수 있는 뷰티 살롱에서는 평소 좋아하는 캐릭터의 의상을 입고 원더랜드의 다양한 시설을 이용할 수 있다.

5세 이하 아이가 안전하게 놀이를 즐길 수 있는 베이비 플레이 존에는 앙증맞은 사이즈의 베베 슬라이드와 푹신한 볼 풀이 있다. 6세 이상 아이에게 추천하는 키즈 플레이 존은 보다 역동적인 놀이 공간으로 익스트림 슬라이드, 암벽 오르기, 수직 미로 등의 시설이 있다. 주방 장난감과 마켓 계산대가 있는 리틀 푸드 마켓에서는 다양한 역할 놀이가 가능하다.

부모님을 위해 휴식 공간과 웰컴 드링크를 제공하며 모유 수유실, 패밀리 화장실 등의 편의 시설도 갖추었다. 투숙객이라면 입장료의 50%를 할인받을 수 있다. 원더랜드 입장권이 포함된 패키지 예약도 가능하다

위치 2층
운영 시간 11:00~20:00
가격(2시간) 어른 10,000원(입장 시 웰컴 드링크 제공),
　　　　　　 13세 이하 어린이 30,000원

Facilities

경주를 느끼고 체험하는 문화 공간 경주 산책 & 경주나인

전문 큐레이터가 선별한 다채로운 주제의 책과 예술 작품을 전시한 복합 문화 공간이다. 아트 존, 힐링 존, 키즈 존 등 세 가지 주제로 유명 베스트셀러는 물론이고 신진 작가들의 독립 서적까지 1만여 권이 넘는 서적을 보유하고 있다. 지붕 없는 박물관이라 불리는 경주에 위치한 호텔인 만큼 경주와 관련된 책과 자료도 많은 편이다.

경주와 관련된 기념품과 디자인 소품을 전시하며 판매도 한다. 전시 공간과 서점, 카페를 결합해 책을 읽지 않아도 다양한 예술 작품을 관람하며 힐링의 시간을 보낼 수 있다. 유명 작가와 함께하는 북 콘서트와 강연회, 전시 등 다채로운 문화 행사가 열리기도 한다. 누구나 부담 없이 책을 읽을 수 있는 편안한 소파와 카페도 여유롭게 준비되어 있다. 향긋한 커피 한잔과 함께 미뤄두기만 하던 나를 위한 독서를 만끽해보자. 아이를 위한 책을 한곳에 모아둔 키즈 존은 아이에게도 다양한 책을 접하게 해주기에 더없이 좋은 장소다. 1박 2일 호텔에 머무는 동안 자유롭게 출입하며

호캉스가 아닌 북캉스를 즐겨보는 것도 추천한다. 책 구입을 원하는 경우 투숙객을 위한 10% 할인 혜택을 받을 수 있다.

천 년 고도 경주의 문화유산을 다양한 감성으로 재해석한 포토 뮤지엄 경주나인 역시 라한셀렉트 경주에서 꼭 들러보아야 할 공간이다. 첨성대, 불국사, 천마총, 동궁과 월지 등 경주를 대표하는 9개 장소로 구분되어 있으며 공간마다 화려한 미디어아트가 펼쳐진다. 독창적인 설치미술 작품과 공간 활용으로 이색적인 사진 촬영은 물론이고 아이들에게 경주의 역사와 문화재를 쉽고 재미있게 접할 수 있도록 도와주는 공간이기도 하다.

위치 1층
운영 시간 10:00~21:00
요금 무료

Check Point

4

Facilities
수영과 물놀이, 마사지까지 가능한 수영장

아름다운 보문호수를 바라볼 수 있는 야외 수영장은 여름 성수기에만 오픈한다. 대신 1년 365일 날씨에 상관없이 운영하는 실내 수영장이 있다. 내부에는 키즈 풀과 마사지 풀을 포함해 총 4개의 각기 다른 풀이 있다. 기다란 레인을 따라 자유 수영을 할 수도 있고, 키즈 풀에서 아이와 물놀이를 즐길 수도 있다.
4개의 레인을 갖춘 수심 1.3m의 메인 풀은 키 145cm 이하 어린이가 입수할 경우 구명조끼 착용이 필수다. 튜브 반입은 허용되지 않으며 수영 모자는 반드시 착용해야 한다. 수심 0.7m의 키즈 풀과 수심 0.4m의 베이비 풀에서는 지름 80cm 이하 튜브와 비치볼 반입이 가능하다. 하지만 물총과 스노클링 장비 등의 물놀이용품은 이용할 수 없다. 버블 마사지가 가능한 배스 풀에서는 1인용 수중 베드에 누워 편안한 휴식을 즐길 수 있다.
성수기에만 운영하는 야외 수영장은 수심 1.1m의 메인 풀과 수심 0.5m의 키즈 풀, 따뜻한 물로 채운 자쿠지가 있다.

투숙객은 입장 요금의 50%를 할인받을 수 있는데, 4인 가족 모두가 이용할 경우 수영장 이용권이 포함된 패키지를 예약하는 것이 합리적이다.

위치 지하 1층
운영 시간 06:00~21:00(야외 수영장은 성수기만 운영)
요금 비수기 어른 40,000원, 어린이 28,000원/성수기 어른 70,000원, 어린이 50,000원
   * 어린이 24개월 초과~13세, 투숙객 50% 할인

Plus Tip : 이것도 놓치지 말자!

+ 뷔페 레스토랑 더 플레이트

15m 높이의 유리창을 통해 보문호수의 전망이 파노라마로 펼쳐지는 뷔페 레스토랑이다. 정통 이탈리안, 중식 요리, 스테이크와 한식 메뉴까지 신선한 제철 식재료로 만든 200여 가지의 풍성한 메뉴를 맛볼 수 있다. 아이들이 좋아하는 메뉴로 구성한 예스 키즈 존이 마련되어 있으며 어린이용 식기도 제공한다.

위치 지하 1층
운영 시간 (조식) 화~금요일 07:00~10:00,
　　　　　　토~월요일 06:30~10:30(4부제 운영)
요금(조식) 어른 38,000원, 48개월~13세 23,000원

+ 힐링 게임 존 더 스트라이크

볼링 게임은 물론이고 다트 게임, 카페, 야외 덱 등의 시설을 갖추어 다양한 놀이와 휴식을 즐길 수 있다. 메인 공간인 볼링장에는 5개의 레인이 있으며 양쪽에 공이 빠지지 않도록 막아주는 범퍼 가드를 설치한 레인도 있다. 볼링화는 220 사이즈부터 준비되어 있다. 과녁 정중앙을 맞추는 다트 게임이나 짜릿한 스트라이크를 만끽하는 볼링 게임도 가능하다. 가벼운 간식과 함께 하루의 피로를 한 방에 날려버리는 특별한 기분을 만끽해보자.

위치 2층
운영 시간 수~월요일 13:00~21:00(화요일 휴무)
요금 1게임 6,000원, 신발 대여료 2,000원(투숙객 1,000원
　　　할인)

반나절 여행 코스

체크아웃 → 국립경주어린이박물관 → 첨성대 → 황리단길

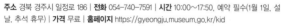

국립경주어린이박물관

아이들의 눈높이에 맞춘 전시와 체험 프로그램을 제공하는 박물관으로 국립경주박물관 내에 위치한다. 신라의 수도 경주의 역사와 문화재 등을 소개한 〈반짝반짝 신라, 두근두근 경주〉라는 상설 전시를 개최한다. 초등학교 저학년 이하 어린이들에게 추천한다. 인터넷으로 사전 예약 후 입장할 수 있으며 1회 관람 시간은 50분이다.

주소 경북 경주시 일정로 186 | **전화** 054-740-7591 | **시간** 10:00~17:50, 예약 필수(1월 1일, 설날, 추석 휴무) | **가격** 무료 | **홈페이지** https://gyeongju.museum.go.kr/kid

첨성대

국보 제31호이며 신라시대 천문 관측소로 현존하는 세계에서 가장 오래된 천문대로 알려져 있다. 입구에서 비단벌레 전기 자동차에 승차하면 첨성대를 포함 계림과 최부잣집 등 경주역사유적지구를 한 번에 둘러볼 수 있다. 비단벌레차 탑승의 즐거움과 함께 관광지마다 자세한 설명을 들을 수 있다는 것도 큰 장점이다. 비단벌레 전기 자동차는 현장 예약만 가능하다.

주소 경북 경주시 인왕동 839-1 | **비단벌레 전기 자동차 운영 시간** 09:10~17:25

황리단길

경주 황남동 일대 '황남 큰길'이라 불리던 골목에 전통 한옥 스타일의 카페와 상점이 들어서면서 관광지로 탄생한 곳이다. 추억의 옛날 먹거리와 함께 운세 뽑기, 잡화점 등 볼거리가 가득하다. 작은 골목마다 1960~1970년대 낡은 건물과 한옥이 어우러져 특별한 분위기를 느낄 수 있다.

주소 경북 경주시 포석로 1080

PART
5

제주도

• • •

제주신화월드 호텔 & 리조트
롯데 호텔 제주
해비치 호텔 & 리조트 제주
호텔 토스카나
흰 수염 고래 리조트

4개 호텔이 한곳에 모였다!

Jeju Shinhwa World Hotel & Resort

제주신화월드 호텔 & 리조트

#객실만2000개 #호텔브랜드가4개 #워터파크도있고 #테마파크도있는 #대한민국최대리조트

HOTEL

제주공항을 빠져나와 한라산을 왼편에 두고 달린 지 약 40분. 그곳은 안덕, 대한민국 최대의 리조트라는 제주신화월드 호텔 & 리조트가 자리한 곳이다. 홍콩의 거대 자본이 투자해 2019년에 최종 개장한 이곳은 4개의 호텔 브랜드가 보유한 2000여 객실과 2개의 테마파크, 다양한 다이닝 스폿과 쇼핑 아케이드가 어우러져 휴양을 위한 새로운 도시를 이룬 곳이다.

많음과 다양함으로 당신에게 손짓하는 제주신화월드 호텔 & 리조트. 보고 즐기고 먹고 마시며, 오롯이 완벽한 쉼을 쉬는 것까지 모두 해결할 수 있는 그곳으로 지금 여행을 떠나보자. 아이와 함께, 또 가족과 함께, 이전과는 다른 제주를 마주하게 될지도 모른다.

INFO

성급	★★★★★
체크인·아웃	15:00 / 12:00 (서머셋 11:00)
요금	랜딩관 ₩120,000~, 신화관 ₩180,000~, 메리어트관 ₩200,000~, 서머셋 ₩350,000~
추천	0~12세
주소	제주도 서귀포시 안덕면 신화역사로304번길 38
홈페이지	www.shinhwaworld.com
전화번호	1670-1188

1 : 4개의 호텔과 2000여 객실, 다양함이 선사하는 선택의 자유

객실만 자그마치 2000실이라니, 상상하는 것조차 쉽지 않은 규모다. 제주신화월드 호텔 & 리조트의 수많은 객실은 서로 다른 4개의 호텔 브랜드가 운영한다. 자체 브랜드인 랜딩관, 신화관과 함께 세계적인 럭셔리 호텔 체인 메리어트와 레지던스계의 절대 강자 서머셋 레지던스까지! 콘셉트와 시설, 서비스에 이르기까지 너무도 다른 4개의 호텔이 있어 선택의 즐거움 또한 어마어마할 터. 나와 가족의 여행 목적과 콘셉트에 맞는 호텔을 선택하는 것, 제주신화월드로의 여행은 여기에서 시작된다.

2 : 신화테마파크와 신화워터파크, 즐거움엔 끝이 없다!

제주도의 유일무이한 롤러코스터 '댄싱 오스카'를 보유한 신화테마파크와 18개의 풀, 슬라이드를 보유한 제주도 최대의 신화워터파크. 쉬는 것과 즐기는 것, 결코 놓칠 수 없는 호캉스의 두 마리 토끼를 동시에 잡을 수 있는 이 두 명소를 여기 제주신화월드에서 모두 만나볼 수 있다. 그것도 당신이 묵는 호텔 바로 앞에서 말이다.

아이들과 함께하는 제주 호캉스를 더욱 새롭고 풍요롭게 만들어줄 두 곳의 초대형 어트랙션, 신화테마파크와 신화워터파크. 그곳에서 더욱 새로운 제주의 매력을 마주해보는 것은 어떨까. 아이들의 '쩐' 미소는 덤이다!

3 : 식도락과 레저, 쇼핑까지 한곳에! 엄마도 아빠도 아이들도 즐거운 호캉스의 천국

대한민국 최대의 복합 리조트라는 말이 그저 객실이 많다는 의미는 결코 아니리라. 얼마나 다양한 먹을거리, 놀 거리, 살 거리가 있는지, 또 그것들이 투숙객에게 얼마나 많은 편리함과 만족감을 선사하는지 등이 중요한 포인트일 테고, 제주신화월드는 그 포인트를 백 퍼센트 충족시켜줄 수 있는 곳이라 자부할 수 있으리라.

특급 호텔이 직접 운영하는 파인 다이닝부터 가볍게 즐기는 캐주얼 레스토랑까지. 또 크고 작은 숍과 다양한 액티비티 플레이스까지. 엄마와 아빠는 물론 다양한 연령의 아이들에게까지 즐거움을 선사할 제주신화월드에서 당신의 오감을 만족시켜보자.

Rooms & Amenities

당신이 생각하는 호캉스 콘셉트는?
여행의 목적과 콘셉트에 따라 선택해보는 4개의 호텔

자, 제주신화월드 호텔 & 리조트에 잘 오셨다! 2000개의 수많은 객실을 운영하는 신화월드의 서로 다른 네 호텔을 만나보자. 랜딩관과 신화관, 메리어트관과 서머셋까지, 하나부터 열까지 모든 것이 다른 호텔 중 하나를 고려려면 콘셉트부터 확실히 해야 할 터. 어떤 호텔의 어떤 객실을 선택해도 후회는 없겠지만, 조금 더 완벽하고 모자람 없는 여행을 위해 선택과 집중이 필요할 것 같다.

• 랜딩관(Landing Resort)

랜딩관은 신화월드의 자체 브랜드로 615개의 객실을 합리적인 요금으로 제공하고 있다. 객실 구성은 27㎡의 슈페리어 룸과 38㎡의 디럭스 룸으로 단순한 편. 아이와 함께 투숙한다면 공간도 제법 넓고 욕조와 발코니가 있는 디럭스 룸을 선택하는 것이 좋겠다. 객실의 바닥을 카펫으로 마감하지 않았다는 점도 마음을 끈다.

랜딩관에는 별다른 부대시설이 없으며, 네 호텔 중 유일하게 전용 수영장이 없다. 테마파크나 워터파크 등 기타 시설을 주로 이용하고자 한다면 합리적인 선택이 되겠지만, 아이와 함께하는 여유로운 호캉스를 꿈꾼다면 다른 호텔을 선택하는 편이 더 나을 것 같다.

• 신화관(Shinhwa Resort)

신화관은 랜딩관의 업그레이드 버전이라고 생각하면 된다. 신화관 또한 신화월드의 자체 브랜드로, 운영하는 객실이 533개에 달한다. 객실 구성은 랜딩관과 크게 다르지 않아서 27㎡의 슈페리어 룸과 38㎡의 디럭스 룸이 있는데, 일부 객실은 워터파크 조망이 가능하다. 이외에 슈페리어 룸 2개를 합친 54㎡의 주니어 스위트 객실도 보유하고 있다. 침실과 거실이 분리되어 조금 더 여유로운 투숙이 가능하다.

신화관의 경우 랜딩관과는 달리 자체 수영장을 갖추었는데, 이 수영장을 통해 신화워터파크 내부로 바로 입장할 수 있다. 즉 신화관 투숙객이라면 워터파크 이용이 무료라는 것. 워터파크의 풍경을 한눈에 담을 수 있는 인피니티 풀은 인생샷 명소로도 유명하다고.

• 메리어트관(Marriott Resort)

신화월드의 네 호텔 중에서 가장 럭셔리하고 화려한 곳으로, 제주 최초의 메리어트 인터내셔널 체인 호텔이다. 시설이면 시설, 서비스면 서비스 할 것 없이 신화월드를 찾은 투숙객들로부터 가장 만족스러운 평을 받고 있다. 수많은 경험으로부터 우러나오는 세계적인 명성을 얻은 데는 다 이유가 있는 법인가 보다. 기본 객실은 38㎡의 디럭스 룸. 면적도 다소 넓은 편이고 욕실에는 대형 욕조를 갖추어 룸 안에만 머물러도 꽤 여유로운 시간을 보낼 수 있다고. 침실과 거실이 분리된 스위트룸 중 디럭스 스위트(81㎡)룸은 가성비가 좋아 인기가 높은데, 특히 욕실이 넓고 대리석으로 둘러싸인 욕조가 있어 수영장 대신 욕실에서 아이와 즐거운 시간을 보내고자 하는 투숙객들에게 좋은 선택이 될 수 있다.

평소라면 감히 손도 댈 수 없다는 미니바를 무료(투숙당 1회)로 제공하며, 메리어트가 자체 제작한 럭셔리 어메니티 제공한다. 아이들을 위한 어메니티로는 자연주의 브랜드 르쌍끄(Le cinq)의 제품을 받아볼 수 있다.

신화월드의 수영장 중 가장 넓고 럭셔리한 모실 수영장을 무료로 이용할 수 있다. 이국적인 풍경을 자랑하는 풀 뷰 객실을 선택한다면 여행 분위기를 한껏 돋울 수 있을 것 같다.

• 서머셋 제주신화월드
(Somerset Jeju Shinhwa World)

3대가 함께하는 '패밀리케이션'을 꿈꾸는 여행자라면

266

서머셋을 주목하자. 일반적인 호텔의 3~4배에 달하는 154m²의 공간, 3개의 침실과 2개의 욕실, 주방 기구와 세탁기는 물론 와인 셀러까지 갖춘 키친과 여유로운 다이닝, 거기에 넓고 안락한 거실까지. 그 모든 것을 품은 패밀리 스위트룸에서라면 어른과 아이를 합쳐 최대 9명까지 함께 머물며 즐거운 시간을 보낼 수 있다. 일반적인 주택처럼 신발을 벗고 이용하는 공간이어서 아직 걸음마를 떼지 못한 아이들에게도, 한참을 뛰어다닐 어린이들에게도 신나는 공간이 된다는 것은 두말할 필요 없는 장점. 이에 더해 아이들에게 특별한 선물을 해주고 싶다면, 패밀리 스위트 레이싱 룸이나 캠핑 룸을 선택하자. 3개의 침실 중 작은 방의 침대를 카 베드 또는 캠핑 텐트 베드로 꾸며 아이들이 정말 좋아한다고.

별도의 출입구가 있고 객실 바로 앞에 주차할 수 있다는 점도 장점이지만, 식당이나 수영장을 이용하려면 클럽하우스 동까지 걷거나 차를 이용해 이동해야 한다는 점은 다소 아쉽다. 체크아웃 전 최소한의 객실 정비를 해야 한다는 것도 잊지 말자.

2

Facilities

수영장과 놀이터, 테마파크와 워터파크까지!
하룻밤으로는 부족해

4개 호텔이 한데 어우러져 있는 만큼 부대시설도 '빵빵'하지만, 머무는 곳에 따라 이용 가능 여부와 유·무료 여부가 달라지므로 이를 잘 확인한 뒤 예약을 진행하는 편이 안전하다. 먼저 호캉스에서 결코 빼놓을 수 없다는 세 곳의 수영장에 대해 알아보자. 첫째는 규모가 가장 큰 모실 수영장(실내 09:00~21:00, 실외 동절기 제외 10:00~19:00, 메리어트 투숙객 무료)으로 메리어트리조트의 부대시설이다. 성산일출봉을 모티브로 밝은 채광을 자랑하는 원통형의 실내 풀에는 외부와 직결되는 25m 길이의 랩 풀이 있으며, 실내 풀을 둘러싼 드넓은 실외 풀에도 서로 다른 깊이의 성인 풀과 유아 전용 풀이 마련되어 있다. 두 번째로는 신화관의 부대시설인 스카이 풀(10:00~22:00, 신화관 투숙객 무료)이 있는데, 사계절 온수 풀로 운영하는 인피니티 풀이 압권이다. 매일 폐장 전 2시간(20:00~22:00)을 노키즈 타임으로 운영하지만, 큰 불편함은 없다. 신화리조트 투숙객의 경우 스카이 풀에서 직접 연결되는 전용 엘리베이터를 통해 워터파

크도 무료로 입장할 수 있다. 서머셋 이용객을 위한 탐모라 수영장(실내 09:00~21:00, 실외 동절기 제외 10:00~19:00, 서머셋 투숙객 무료)도 있다. 실내 풀과 실외 풀이 직접 이어져 양쪽 풀을 자유롭게 오갈 수 있다.

아이들과 함께 뛰놀고 싶다면 신화관 코트야드로 향하자. 미로 정원, 글램핑 존, 어린이 놀이터가 한데 모여 있는 코트야드는 4,000㎡에 달하는 면적을 자랑한다. 제주의 숲을 모티브로 한 놀이터는 숲속의 거대한 오두막과 같은 모습으로 천진난만한 아이들을 기다리고 있다.

그 외에도 제주신화월드가 품은 두 곳의 테마파크를 결코 놓쳐서는 안 된다. 애니메이션 〈라바〉 캐릭터를 주제로 한 신화테마파크와 제주도 최대의 워터파크인 신화워터파크가 바로 그곳. 어린아이들도 부담 없이 탑승할 수 있는 '라바 월드익스프레스'부터 제주도 유일의 롤러코스터 '댄싱 오스카'까지, 성별이나 연령에 상관없이 즐길 수 있는 신화테마파크(이용 시간 시즌

에 따라 다름)는 제주신화월드가 자랑하는 최고의 놀이 공간. 15종의 어트랙션과 함께 온갖 공연과 퍼레이드가 시시각각 펼쳐져 아이들과 함께 환상적인 하루를 보낼 수 있다. 신화워터파크(이용 시간 시즌에 따라 다름)는 실내·외를 통틀어 18개의 풀과 슬라이드를 만나볼 수 있는 곳. 수중 놀이터 '제주 어드벤처'

와 함께 내부와 외부에 각각 하나씩 키즈 풀이 있어, 영·유아에게까지 다함 없는 즐거움을 선사한다
유료 시설이지만 투숙객에게 할인 혜택을 제공하거나 입장권이 포함된 패키지 상품을 판매하니, 이를 잘 활용해 스마트한 호캉스를 즐겨보자.

Check Point
3

Dining
럭셔리한 시그니처 레스토랑부터
편안하게 즐기는 캐주얼 레스토랑까지

다이닝에 있어서도 선택의 폭이 넓다는 점은 제주신화월드가 선사하는 최고의 메리트임이 분명하다. 신화관의 신화테라스(조식 07:00~11:00), 메리어트관의 스카이 온 파이브 다이닝(조식 06:30~10:30) 등 호텔마다 전용 조식 뷔페 레스토랑을 운영하는 것은 물론, 대내외적으로 인정받은 한식과 중식 파인 다이닝 스폿도 만나볼 수 있다. 호텔 식당의 엄숙한 분위기와 높은 가격대가 부담스럽다면 조금 더 알뜰하고 합리적으로 끼니를 해결할 수 있는 쇼핑스트리트로 향하자. 김밥과 라면, 치킨과 돈가스 등 아이가 좋아하는 메뉴를 만나볼 수 있으며, 푸드 코트인 셀렉더 테이블(11:30~21:00, 매장에 따라 다름)에서는 고

래라면, 오일장반점, 제주마리 등 제주 유명 식당들의 메뉴를 맛볼 수 있다. 이쯤 되면 먹기 위해 신화월드를 찾은 이들도 웬만해서는 만족할 수 있을 것 같다.

4

탄탄한 프로그램과 빵빵한 공간!
아이들이 더욱 좋아하는 액티비티 천국

랜딩관과 신화관, 메리어트관 객실이 둘러싼 리조트의 한가운데에는 당신의 휴식을 더욱 풍성하고 편안하게 해줄 쇼핑 스폿, 신화스퀘어와 신세계사이먼 제주 프리미엄 전문점(10:30~21:00)이 자리 잡고 있다. 액티브한 게임을 즐길 수 있는 게임 룸 아이존액트(09:30~24:00, 유료)와 키즈 카페 플레이타임(09:30~21:00, 유료) 등 다양한 숍이 자리해, 투숙 중한 번쯤은 들르게 되는 곳이기도 하다. 엄청난 볼거리가 있는 것은 아니지만, 명품 매장이 늘어선 몰을 따라 가족과 함께 유유자적 걸음을 옮겨보는 것만으로도 즐거운 시간이 될 것 같다.

리조트 자체적으로 운영하는 키즈 액티비티 프로그램은 다양함과 독창성에 만점을 주고 싶다. 여러 프로그램 중에서도 '신화 키즈 리틀 익스플로러(캠프 5세부터 10:00~13:00, 14:00~18:00/클래  스 48개월부터 10:00~11:30, 14:00~15:30)'는 공룡, 해녀 등 제주만의 지역 색을 담아 자체적으로 개발해 운영하는 액티비티 프로그램으로, 제주의 자연을 체험하는 다양한 신체 활동까지 기대할 수 있다고. 엄마들의 입소문을 타 제법 인기도 높아서 프로그램에 따라 당일 예약이 어려울 수 있으니, 꼭 참여하고 싶은 클래스가 있다면 사전에 예약해두자.

Plus Tip : 이것도 놓치지 말자!

+ 할인에 할인을 더하다! 더욱 스마트하게 즐기는 제주신화월드

숙박은 기본이요, 먹을거리와 즐길 거리가 차고 넘치는 제주신화월드. 그만큼 할인받을 '거리'도 많다고. 4개의 호텔 브랜드 중 마음에 드는 것을 골랐다면 예약 전 패키지 상품을 확인해보자. 리조트 내 식음 매장 할인은 물론 신화테마파크와 워터파크 입장 할인 혜택이 포함되어 조금 더 알뜰한 여행을 가능하게 해준다. 때에 따라, 그리고 호텔에 따라 투숙객을 대상으로 테마파크 무료입장 혜택을 제공하기도 하니, 이런 기회를 절대 놓쳐선 안 되겠다.

+ '빵빵한' 멤버십 혜택을 누릴 수 있는, 신화 리워드

패키지 상품과 함께 또 하나 확인해야 할 것, 바로 온라인 멤버십 프로그램인 신화 리워드(Shinhwa Rewards)다. 숙박 예약을 포함해 직영 식음 매장 등에서 사용하는 금액의 일부를 포인트 적립해주는 것으로, 적립된 포인트는 리워드 참여 매장에서 현금처럼 쓸 수 있다.

우리 가족의 첫 제주신화월드 호캉스에서 직원들의 추천에 따라 서머셋에 묵기로 한 우리는 30개월 아들을 위해 패밀리 스위트 레이싱 룸을 예약했어요. 클럽 하우스에서 체크인을 하고, 배정된 객실에 발을 디딘 우리. 엄마도 아빠도 아이도 신이 나서는 거실과 다이닝 룸, 그 개의 침실과 욕실까지 빠짐없이 둘러봤어요. 그리고 이제 마지막. 단 하나의 공간만 남겨둔 채였죠. 새로운 공간을 마주해 이미 흥분 상태인 아들을 불러 세워, 여기 너만의 방이 있노라며 기대심을 북돋았어요. 그리고 하나, 둘, 셋! 레이싱 베드 룸의 문을 열었습니다.

레이싱카 모양의 침대에 대고 '뿡뿡' 리모컨을 누르니 '그와앙' 하는 엔진음이 방을 채웁니다. 자동차에 대한 모든 것을 사랑하는 아이. 아이는 잠깐 탐색의 시간을 갖더니 이내 카 베드에 폭 빠져버렸답니다. 이불 위에 대 자로 누웠다, 다시 일어서서 방방 뛰기를 10여 분. 아이는 오늘은 여기서 잘 거라며 일방적 선언을 해버렸죠.

그렇게 해서 그날은 우리 아이가 처음으로 엄마 아빠와 떨어져 분리 수면을 한 날이 되었어요. 물론 엄마는 새벽에 두어 번은 깨서 아이가 잘 자고 있는지 확인해야 했지요.

아이들은 물론이고 엄마, 아빠에게도 진정한 휴식을 선사하는 호텔

Lotte Hotel Jeju

롯데 호텔 제주

#자개질온수풀 #키즈클럽 #헬로키티룸

HOTEL

푸른 바다를 품은 롯데 호텔 제주는 아이와 함께하는 제주도 여행을 계획하는 가족이라면 누구나 한 번쯤 떠올리는 호텔 중 하나다. 제주의 따뜻한 바다를 닮은 사계절 온수 수영장, 사랑스러운 헬로키티로 가득한 캐릭터 룸, 가족이 함께 즐길 수 있는 놀이 공간 플레이 토피아, 세계 각국의 다양한 음식을 맛볼 수 있는 뷔페 레스토랑까지. 이 모든 시설을 한곳에서 경험할 수 있다. 다양한 체험과 투어를 제공하는 ACE 프로그램도 롯데 호텔 제주에서 빼놓으면 안 되는 코스다. 덕분에 멀리 해외로 떠나지 않아도 충분한 쉼과 특별한 즐거움을 누릴 수 있다.

롯데 호텔 제주가 자랑하는 야외 정원에는 이국적인 풍차와 큰 키를 자랑하는 야자수가 가득하다. 늦은 밤이면 조명을 밝히며 로맨틱한 분위기로 변신하기도 한다. 아름다운 제주의 밤을 만끽하기에 더없이 좋은 장소다. 서귀포 중문관광단지에 위치해 주요 관광지에 접근하기도 편리하다.

INFO

성급	★★★★★
체크인·아웃	14:00 / 11:00
요금	₩400,000원~
추천	0~13세
주소	제주도 서귀포시 중문관광로72번길 35
홈페이지	www.lottehotel.com/jeju-hotel/ko.html
전화번호	064-731-1000

1: 산리오코리아와의 협업으로 탄생한 헬로키티 테마 룸

복도, 카펫, 침대, 가구 등 엘리베이터에서 내리는 순간부터 마주하는 모든 풍경이 헬로키티로 가득하다. 사랑스럽고 귀여운 콘셉트의 헬로키티 키즈 룸, 동화 속 공주님의 방을 재현한 헬로키티 프린세스 룸, 블랙&핑크로 개성을 살린 헬로키티 레이디스 룸까지 총 세 가지 테마로 꾸며져 있다.

2 : 프라이빗 호캉스를 즐길 수 있는 풀빌라 스위트룸

호텔 건물과 떨어진 독채 숙소로 체크인하는 순간부터 체크아웃 시간까지 프라이빗 휴가를 즐길 수 있다. 우리 가족만 사용하는 인피니티 온수 풀이 있고, 제주의 푸른 바다를 한눈에 담을 수 있다. 거실과 침실이 분리되어 넓은 공간을 자랑한다.

3 : 날씨에 상관없이 야외 수영이 가능한 사계절 온수 풀

거대한 풍차와 이국적인 야자수에 둘러싸인 야외 수영장은 사계절 온수로 운영한다. 패밀리 풀과 키즈 풀이 이어진 구조로 가족 모두 즐거운 시간을 보낼 수 있다. 늦은 밤에는 화려한 조명과 함께 라이브 공연이 펼쳐지기도 한다.

4 : 우리 가족의 여행 스타일에 딱 맞는 다채로운 ACE 프로그램

요트와 승마, 숲 체험 등 가족이 함께 즐길 수 있는 체험부터 아이만을 위한 키즈 특화 프로그램까지 다양한 체험 프로그램을 갖추었다. 레저 전문 엔터테이너가 계절과 연령에 따른 맞춤 서비스를 제공한다.

Kids Rooms
아이들이 꿈꾸던 동화 속 세상, 헬로키티 캐릭터 룸

엘리베이터를 타고 본관 4층에 내리는 순간부터 세계적인 스타이자 귀여운 고양이, 헬로키티가 격한 환영 인사를 건넨다. 복도는 물론 벽지, 카펫, 소품 하나까지 헬로키티가 아닌 것이 없을 정도로 완벽하게 꾸며져 있다. 덕분에 아이들은 꿈꾸던 동화 속 세계로 빨려 들어간 듯한 행복을 만끽할 수 있다.

헬로키티를 탄생시킨 글로벌 캐릭터 회사 산리오와 협업해 완성한 20개의 헬로키티 캐릭터 룸은 세 가지 각기 다른 특징을 지니고 있다. 사랑스럽고 귀여운 콘셉트의 키즈 룸, 동화 속 공주님들의 방을 그대로 재현한 프린세스 룸, 마지막으로 강렬한 블랙과 핫핑크로 개성을 살린 레이디스 룸. 객실 내 침대와 소파를 포함한 가구는 물론이고 욕실 소품과 어메니티까지 온통 헬로키티로 가득하다.

헬로키티 캐릭터 룸은 총 3인까지 투숙 가능한 패밀리 트윈 타입으로 더블 침대와 싱글 침대가 나란히 놓여 있다. 생후 48개월 미만 영·유아를 동반한 경우 4인 가족까지 추가 요금 없이 투숙 가능하지만 48

개월 이상 유아를 포함한 4인 가족은 추가 요금을 내야 한다.

욕실에는 욕조가 있으며 어른을 위한 어메니티는 물론이고 아이를 위한 어메니티도 준비되어 있다. 슬리퍼나 목욕 가운 등에도 헬로키티가 수놓여 있다. 목욕 가운은 반출이 불가능하지만 슬리퍼는 기념으로 가지고 갈 수 있다.

헬로키티 캐릭터 룸이 포함된 패키지 상품을 예약할 경우 매년 다른 콘셉트로 한정 생산하는 롯데 호텔 제주 X 헬로키티 인형을 선물 받을 수 있다. 헬로키티 인형 발바닥에 투숙 연도를 새겨 매년 헬로키티 캐릭터 룸을 찾아 인형을 모으는 컬렉터도 있다.

당연하겠지만 아이들과 함께 롯데 호텔 제주를 찾고자 하는 가족들에게 가장 먼저 추천하는 객실로 성수기나 주말에는 금세 마감되는 경우가 많으니 빠르게 예약하는 것을 추천한다.

Pool Villa
우리 가족만의 프라이빗 수영장! 풀빌라 스위트룸

현무암과 억새를 활용해 제주의 전통 가옥을 재현한 독채 빌라로 투숙객만을 위한 프라이빗 수영장을 구비했다. 제주의 해안 절벽인 주상절리를 모티브로 조성한 인피니티 에지 풀에서는 아름다운 중문 바다와 대형 풍차가 한눈에 내려다보이는데, 덕분에 제주도 전통의 아름다움과 이국적인 풍경을 동시에 느낄 수 있다. 수영장의 깊이는 약 1m이며 메인 수영장인 해온과 마찬가지로 사계절 온수로 운영한다. 가족과 함께 여유롭게 수영을 즐기고 선베드에 누워 휴식을 취하다 보면 동남아의 유명 풀빌라 리조트가 부럽지 않다.

객실 면적은 85.8m²로 거실과 침실이 분리되어 있다. 넉넉한 사이즈의 거실에는 6인용 식탁과 소파가 자리한다. 거실 창문을 통해 프라이빗 수영장으로 자유롭게 이동할 수 있는데, 더블 침대와 싱글 침대를 함께 배치한 침실 역시 수영장과 연결되어 있다. 욕실에는 샤워 부스와 함께 월풀 욕조를 갖추었으며 별도의 드레스 룸도 있다.

빌라 옆에는 독립적인 주차 공간이 있으며 체크인 역

시 빌라 객실 안에서 이루어진다. 코로나19로 언택트 여행이 유행하는 요즘, 호텔 투숙객으로 북적거리는 로비에서 오래 기다릴 필요가 없다는 점도 풀빌라 스위트룸의 큰 장점이다. 룸서비스까지 이용한다면 체크인하는 순간부터 체크아웃하는 순간까지 빌라 안에서 모든 걸 해결할 수 있다.

투숙 기준 인원은 3인으로 생후 48개월 미만 영·유아를 제외한 추가 인원이 있는 경우 별도의 요금이 발생한다.

Facilities
이국적인 야외 정원에 둘러싸인 사계절 온수 풀

높이 솟은 야자수에 둘러싸인 이국적인 풍경의 야외 수영장 해온은 바다 해(海), 따뜻할 온(溫)이 모인 이름처럼 사계절 온수로 운영된다. 덕분에 봄, 여름, 가을은 물론이고 추운 겨울에도 자유롭게 야외 수영을 즐길 수 있다. 오전부터 늦은 밤까지 운영하며 투숙객이라면 객실 타입에 상관없이 무료로 이용할 수 있다. 전 연령을 아우르는 패밀리 풀에는 2개의 워터 슬라이드가 있으며 수심 1m의 중앙부터 오른쪽으로 갈수록 서서히 깊어진다. 가장 깊은 곳의 수심은 1.7m로 안전사고에 각별히 주의해야 한다. 반대편으로는 수심 0.5m의 키즈 풀로 이어져 키즈 풀과 패밀리 풀을 자유롭게 오갈 수 있다. 패밀리 풀의 경우 신장 130cm 이하 어린이는 구명조끼 혹은 튜브 사용이 필수이며 보호자 동반 시 입장 가능하다. 4~6세용 구명조끼를 비치해 필요한 경우 자유롭게 이용할 수 있다. 키즈 풀에 있는 키즈 워터 슬라이드와 바닥 분수는 1일 2회 운영되며 시즌에 따라 운영 시간이 조금씩 달라진다. 미리 홈페이지에서 운영 시간을 확인하는 것이 좋다.

평균 수온 35~38℃를 유지하는 힐링 자쿠지는 곳곳에 총 3개를 운영한다.

조명이 하나둘 켜지기 시작하면 낮의 모습과는 전혀 다른 로맨틱한 공간으로 탈바꿈한다. 주말이나 성수기에는 오후 7시부터 약 2시간 동안 실시간 라이브 공연이 펼쳐진다. 낭만적인 제주의 푸른 밤을 만끽하기에 더없이 완벽한 순간이 되어줄 것이다.

• 운영 시간
   4~10월 | 09:00~22:00   **11~3월** | 09:30~23:00
   * 2022년 2월 3일~3월 31일 야외 수영장 개선 공사 예정

Dining
세계 각국의 음식과 제주도 향토 음식을 한 번에, 더 캔버스 레스토랑

롯데 호텔 제주를 대표하는 뷔페 레스토랑 더 캔버스는 커다란 아치형 창 너머로 아름다운 풍차와 바다가 내려다보이는 그림 같은 풍경을 자랑한다. 아침부터 저녁까지 운영하는 올 데이 다이닝 레스토랑으로 약 1,983㎡ 공간에서 세계 각국의 다양한 음식은 물론 제주도 제철 식재료를 이용한 시그니처 메뉴를 선보인다.

눈이 즐거워지는 다채로운 디저트가 놓인 중앙 쇼케이스를 중심으로 오른쪽과 왼쪽에 각기 다른 메뉴들이 줄지어 놓여 있다. 신선한 회와 초밥, 제주의 각종 해산물은 물론이고 전문 셰프가 즉석에서 구워주는 갈비, 스테이크, 전복, 랍스터, 화끈한 불 맛을 느낄 수 있는 중국요리, 한식에서 빼놓을 수 없는 국과 김치, 각종 밑반찬까지, 하나하나 맛보기도 힘들 정도다. 자칫 한쪽 메뉴만 공략해 건너편에 놓인 수많은 음식을 놓치는 경우도 있으니 다소 힘들더라도 열심히 좌우를 오가며 다양한 음식을 맛보는 걸 추천한다.

흥겨운 동요가 흘러나오는 키즈 스테이션에는 하트 모양 달걀찜, 문어 모양 소시지, 파프리카 열차와 미니 사이즈 김밥 등 아이들의 시선을 사로잡을 만한 특별한 메뉴가 준비되어 있다. 어린아이들의 눈높이에 맞춰 제작한 테이블 덕분에 직접 원하는 메뉴를 그릇에 담아볼 수 있어 아이들에게 인기 만점 코너다. 달콤한 마카롱과 구운 마시멜로, 초콜릿 쿠키 등 디저트 메뉴도 가득하다.

- 운영 시간
  조식 | 07:00~10:30
  브런치 | 12:00~14:00(사전 예약 필수)
  석식 | 18:00~21:30

- 뷔페 가격
  조식·브런치 | 어른 55,000원, 어린이 35,000원
  석식 | 어른 118,000원, 어린이 61,000원
  * 어린이 37개월~초등학교 6학년

아침을 먹고 가볍게 산책에 나섰어요. 아이는 우연히 울창한 나무에 가려져 있던 작은 오두막을 발견하고 곧바로 뛰어 올라갔어요. 아쉽게도 문이 닫혀 있어 들어가볼 수는 없었지만 오늘 밤에는 이 아담한 오두막집에서 자고 싶다는 이야기를 하네요. "아쉽게도 이 오두막은 숙박할 수 있는 곳이 아니야." 말은 아쉽다고 했지만 사실 속으로는 숙박용 시설이 아니라 정말 다행이라는 생각이 들었습니다.

롯데 호텔 제주의 다양한 ACE 프로그램 중 아이는 쿠킹 클래스를 가장 좋아했어요. 작고 귀여운 손으로 열심히 반죽해 쿠키를 만들고, 부드러운 시트에 생크림을 올려 케이크를 만들기도 했죠. 그중에서도 달콤한 과자를 잔뜩 붙인 과자집을 가장 좋아했답니다. 저도 아이의 작품이 마음에 쏙 들었어요. 예쁜 과자집을 먹어버리기엔 너무 아쉬웠지만 열심히 사진으로 남겨놓은 다음 과감하게 먹었답니다. 생각보다 너무 맛있어서 깜짝 놀랐어요. 아무래도 아이가 요리에 소질이 있나 봐요.

저녁 식사를 맛있게 먹고 터질 것 같은 배를 부여잡으며 소화를 시키러 볼링장에 갔어요. 아이와 함께 볼링장을 방문한 건 처음이었는데 볼 가이드, 볼링화, 공까지 아이에게 맞춤 장비를 갖추었더라고요. 레인 양 끝에 공이 빠지지 않게 해주는 범퍼를 설치한 덕분인지 아이는 첫 게임에서 저도 하기 힘든 스페어 처리까지 해냈어요. 이날 이후 아이는 볼링에 푹 빠졌답니다.

아이의 세 번째 생일이어서 생일 파티를 하고 기념사진을 남겼어요. 스튜디오에서 찍은 것 같은 멋진 사진이 탄생했어요. 핫핑크 헬로키티 캐릭터 룸에서 핫핑크 헬로키티 티셔츠를 입고 행복해하는 아이의 모습이 아직도 생생하게 기억나요. 열세 살 생일에 헬로키티 옷을 입고 헬로키티 캐릭터 룸에 다시 가자고 하면 아이는 뭐라고 할까요?

PIC A PIC!

호캉스의 추억을 오래도록 간직해줄 포토 스폿을 모으고 모았다!
결국 남는 것은 사진뿐. 호캉스의 시간을 찍고 찍고 또 찍어보자.

📷 낮에는 물론이고 밤에도 아름다운 호반 무대 대형 풍차

롯데 호텔 제주가 자랑하는 야외 정원에는 아담한 호수 뒤편으로 대형 풍차 3개가 자리 잡고 있다. 야외 수영장을 따라 걷는 산책로이기도 하지만 풍차를 배경으로 이국적인 사진을 담을 수 있는 포토 존으로도 유명하다. 늦은 밤 조명이 켜지면 아름다운 야경 명소로 탈바꿈하기도 한다. 유명 드라마에 등장하기도 했다.

Plus Tip : 이것도 놓치지 말자!

+ 무료로 이용 가능한 키즈월드

헬로키티 캐릭터 룸이 있는 본관 4층에 마련된 놀이 공간이다. 약 264m² 공간에 아이들 눈높이에 맞춘 다양한 장난감과 놀이 시설이 마련되어 있다. 투숙객이라면 무료로 이용할 수 있지만, 초등학교 고학년에게는 다소 심심하게 느껴질 수도 있다. 영·유아 혹은 초등학교 저학년 아이들에게 추천한다.

위치 호텔 본관 4층
운영 시간 09:00~18:00

패밀리, 키즈에 특화된 체험 프로그램이며 시즌마다 다양한 내용으로 운영한다. 여름에는 요트 투어와 선상 낚시, 겨울엔 딸기 따기 체험이 특히 인기 있다. 봄가을에는 전문 숲지기의 해설과 함께하는 환상숲 곶자왈 프로그램을 추천한다.

아이들을 위한 쿠킹과 키즈 아트 프로그램이 포함된 올 데이 키즈 캠프도 요일마다 다양한 프로그램으로 운영한다. 프로그램마다 담당 선생님은 물론이고 소수 정원으로 운영해 아이들이 키즈 프로그램에 참여하는 동안 부모님들은 꿀 같은 휴식을 누릴 수 있다. 유료로 운영하는 프로그램이지만 워낙 인기가 많아 호텔에 도착해 예약하려면 이미 마감된 경우가 많다. 미리 홈페이지를 통해 프로그램을 확인한 후 예약해 두는 것을 추천한다.

+ 아이들을 위한 유토피아, 플레이 토피아

익사이팅 복합 놀이 공간인 어린이 스포츠 클럽, 아동용 공과 슈즈가 마련된 패밀리 락 볼링장, 추억의 게임을 즐길 수 있는 전자오락실이 모여 있는 공간이다. 호텔 투숙객이 아니더라도 이용 가능한 시설이지만 투숙객은 할인 요금으로 이용할 수 있다.

활동적인 놀이를 좋아하는 아이와 함께라면 다이내믹한 스포츠를 즐길 수 있는 어린이 스포츠 클럽을, 가족 모두가 함께하는 시간을 보내고 싶다면 패밀리 락 볼링장을 추천한다.

어린이 스포츠 클럽 챔피언 R

위치 호텔 본관 6층
운영 시간 10:00~21:00
요금(2시간) 어린이 20,000원, 보호자 6,000원(호텔 투숙 고객은 어린이 요금 10% 할인)

패밀리 락 볼링장 가인

위치 호텔 본관 6층
운영 시간 09:00~다음 날 01:00
　　　　　*대관 행사가 있을 경우 이용 불가
요금(1게임) 5,900원, 신발 대여료 2,000원(호텔 투숙객은 게임비 4,900원)

Haevichi Hotel & Resort Jeju

해비치 호텔 & 리조트 제주

#표선이어디야 #조용하고고즈넉해서 #쉼에제격 #호텔도있고 #리조트도있다

표선, 익숙하지 않은 이름이다. 제주 방방곡곡을 여행하는 사람들이 하나둘 늘어 조그만 동네의 이름마저 많은 사람들의 입에 오르내리는 오늘이지만, 여전히 표선이라는 지명은 우리에게 낯설고 생경하다.

제주공항에서 1시간 남짓. 섬 끝을 향해 달리다 보면 여기 표선에 닿는다. 그리고 그 작은 마을 끝에 오늘의 목적지 해비치 호텔 & 리조트가 우직하게 자리 잡고서는 당신을 기다릴 터다. 낯선 동네가 선사하는 고즈넉함 속에서 경험해보는 온전한 쉼. 새까만 땅, 푸른 바다와 함께라면 더없이 완벽한 하룻밤이 될 것만 같다.

INFO

성급	★★★★★
체크인·아웃	15:00 / 12:00
요금	호텔 약 ₩360,000∼, 리조트 약 ₩340,000∼
추천	3∼9세
주소	제주도 서귀포시 표선면 민속해안로 537
홈페이지	www.haevichi.com/jeju/ko
전화번호	064-780-8100

1 : 이게 바로 진짜 오션 뷰! 제주의 바다를 마주한 호텔 & 리조트

제주의 독보적인 오션 뷰를 품은 호텔은 많고 많지만, 해비치 호텔 & 리조트 또한 오션 뷰에 대해서만큼은 결코 만만치 않다는 사실! 해안도로 하나를 사이에 두고 남제주의 푸른 바

다를 마주해, 객실 바로 앞에서 오롯이 짙고 푸른 바다를 감상할 수 있다. 다만, 모든 객실이 오션 뷰인 것은 아니므로 객실 선택에 주의가 필요하다. 오션 뷰가 아닌 빌리지 뷰 객실에서는 제주민속촌의 독특한 풍경이 보이는데, 그 또한 제주만의 특별함을 담고 있어 투숙객들에게 인기가 높다고.

2 : 이보다 더 다양할 수 없다!
해비치가 준비한 풍성한 키즈 시설

구색만 맞춘 키즈 룸, 빈약한 키즈 라운지
는 가라! 여기 해비치에서는 교육과 놀이,
정적이며 동적인 모든 액티비티가 가능한
시설을 마음껏 누려볼 수 있다. 3000여 권
의 유아 도서와 전 연령을 아우르는 교구
로 가득 찬 놀이 공간 모루, 100여 종의 보
드게임을 즐길 수 있는 게임 룸 모드락, 에
너제틱한 아이들이 맘껏 뛰놀 수 있는 실내
놀이터 놀멍, 그리고 다양한 비디오게임을
즐길 수 있는 엔터테인먼트존까지. 즐길 것

도 누릴 것도 많은 해비치이기에, 아이와 함께하는 해비치에서의 '호캉스'는 아마도 100점
만점에 100점이 될 것 같다.

3 : 제주의 험한 날씨도 상관없다! 실내와 실외 수영장

제주의 호텔 중 실내와 실외 수영장을 모두 갖춘 곳은 생각보다 많지 않다. 여름이야 남국의
분위기를 담은 실외 수영장으로 충분하겠지만, 바람 잘 날 없는 제주이니만큼 사계절 수영을
즐기기에는 실내 수영장만 한 것이 없을 터. 해비치 호텔 & 리조트는 리조트와 호텔 각 하나
씩의 실외 수영장과 함께 호텔 투숙객을 위한 실내 수영장까지 보유한 만큼 1년 365일, 어떤
계절이어도 걱정이 없으리라! 모든 것을 갖춘 해비치에서 마음껏 수영을 즐겨보자.

Rooms & Amenities
격조 높은 호텔이냐, 편안함의 리조트냐, 당신의 선택은?

제주 표선의 터줏대감 해비치 호텔 & 리조트. 이제 그 객실을 마주하러 떠나보자. 남쪽 해안에 자리 잡은 호텔은 사방을 조망하는 객실과 한가운데 위치한 거대 아트리움이 매력적인 8층짜리 네모반듯한 건물 안에 위치한다. 2007년 개관해 10년이 넘는 시간 동안 손님들을 맞이해왔지만, 여전히 깨끗하게 관리된 공간과 시설이 이곳 해비치 호텔을 찾은 투숙객들에게 높은 만족감을 선사하고 있다.

해비치 호텔에서 가장 기본이 되는 객실 타입은 슈페리어, 디럭스, 이그제큐티브로 방향에 따라 각각 빌리지 뷰, 시사이드 뷰, 오션 뷰를 품고 있다. 빌리지 뷰는 제주민속촌의 고즈넉한 풍경을, 오션 뷰는 표선의 바다를 보여주는데, 저마다의 매력이 충분하니 어떤 객실을 선택해도 후회는 없으리라. 세 객실은 모두 47㎡의 면적을 자랑한다. 스위트가 아닌 일반 객실임에도 면적이 매우 넓은 편이어서, 한 가족이 함께 묵어도 충분히 여유롭다는 게 최대의 강점이라고. 걸음마를 떼지 못한 아이와 함께 투숙한다면 1층에만 위치한 온돌

(47㎡) 객실을 선택해도 좋겠다. 신발을 신고 밟아야만 하는 카펫 바닥 대신 깨끗한 온돌 마룻바닥으로 이루어져 위생 면에서도 안심이 된다. 호텔이 보유한 288개 객실에는 모두 테라스가 딸려 있다. 바다를 면했든, 민속촌의 풍경을 면했든 제주의 색을 오롯이 품은 테라스에서 여유로운 한때를 보낼 수 있으리라.

동쪽 해안을 따라 자리한 리조트는 호텔보다 이른 2003년에 개관했다. 토스카나풍의 오렌지색 경사 지붕이 인상적인 건물에는 215개의 객실이 자리 잡고 있다. 호텔보다 먼저 지어 다소 연식이 느껴지는 것은 어쩔 수 없지만, 객실은 잘 관리되고 있는 편. 가장 작은 디럭스 더블 룸도 63㎡의 넓은 면적을 자랑하며, 거실과 분리된 2개의 침실을 갖추어 많게는 성인 6명까지 묵을 수 있다. 리조트 객실은 무엇보다 호텔 대비 저렴한 숙박료로 비교적 넓고 여유로운 객실을 이용할 수 있다는 것이 장점이다. 전 객실 키친을 보유해, 아이들 식사를 따로 챙겨야 하는 경우에는 더욱 합리적인 대안이 될 수 있다.

Facilities
우리 아이들의 호캉스를 넉넉히 채워줄 독보적인 키즈 시설

아이들과 함께하는 제주 호캉스 여행지로 해비치를 선택한 당신, 잘 오셨다! 아이들을 위한 시설에 있어 서만큼은 내로라하는 동급 키즈 프렌들리 호텔들과 견주어 한 톨도 모자람이 없을 만큼 풍성함과 완벽함을 자랑하는 곳이 바로 해비치 호텔 & 리조트다.

먼저 해비치가 자랑하는 모루(09:00~22:00)로 향하자. 바다를 마주한 통유리창 덕분에 더없이 밝은 공간은 엄마들의 마음에도 쏙 들 것 같다. 300m²가 넘는 드넓은 공간을 채우고 있는 것은 다양한 유·아동 도서와 교구. 연령대별로 큐레이팅한 도서와 자유롭게 책을 가져다 볼 수 있도록 한 주머니 공간, 역할 놀이와 인지 놀이 교구가 잘 정돈되어 어린이 손님을 기다린다. 책 읽는 것보다는 뛰어노는 게 좋은 아이들이라면 놀멍(10:00~23:00)이 제격이다. 슬라이드와 볼 풀, 그물 놀이터가 에너지 넘치는 아이들을 불러모은다.

그 외에도 유료 시설이기는 하지만 온 가족이 함께 즐거운 시간을 보낼 수 있는 게임 스페이스도 있다. 100여 종의 보드게임을 갖춘 모드락(09:00~22:00)과 추억의 오락기 등 여러 게임기를 보유한 엔터테인먼트 존(10:00~22:00)도 있는데, 아이들보다 더욱 신난 아빠들의 얼굴을 볼 수 있다고.

키즈 시설 외에 해비치에는 세 곳의 수영장이 있다. 모두 투숙객 전용 시설로 성인 풀과 키즈 풀, 자쿠지 등을 갖춘 실내 수영장(06:30~22:00, 7~8월 06:30~24:00)과 제주의 파도 소리가 들릴 것만 같은 실외 수영장(09:00~22:00, 7~8월 09:00~24:00)이 투숙객들을 맞이한다. 공간도 넓고 시설도 잘 갖추었을 뿐 아니라 실내·외 풀을 모두 이용할 수 있기 때문에, 해비치의 호텔 수영장은 부대시설을 중시하는 호캉스족에게 후한 평을 받아왔다. 리조트 투숙객을 위한 별도의 실외 수영장도 있지만 7~8월에만 한시적으로 운영한다. 호텔 투숙객이 리조트 수영장을 이용하거나, 리조트 투숙객이 호텔 수영장을 이용한다면 추가 요금이 부과되는 점, 선베드마저 유료로 운영하는 점은 다소 아쉬운 부분이다.

아침은 섬모라, 저녁은 하노루!
해비치에서 맛보는 제주의 밥상

사실 해비치는 좋은 호텔이고 리조트면서, 숨은 맛집이기도 하다. 이곳의 여러 다이닝 스폿은 지금까지 이곳을 찾은 많은 여행자와 투숙객에게 꽤 호평받아 왔다. 특급 호텔의 레스토랑으로 비교적 합리적인 가격을 유지하면서도 제주의 맛을 잘 살린 메뉴로 여행 기분을 북돋기에 부족함이 없다고.

섬모라(조식 07:00~10:30)는 해비치 호텔의 올 데이 다이닝 레스토랑으로, 호텔 투숙객들이 아침 식사를 하는 곳이다. 음식은 가짓수가 상당한데 특히 베이커리와 한식이 만족스러우며, 제주의 해산물을 주재료로 한 메뉴도 수준급이다. 어린아이에게 먹이기 좋은 메뉴도 가짓수가 많고, 식기나 집기 또한 충분한 수량을 갖추어 온 가족이 아침을 해결하기에도 불편함이 없을 것 같다. 게다가 제주의 아침 햇살과 바다 풍경이 한눈에 들어오는 멋진 테이블에 앉아 섬모라의 음식을 맛본다면, 호캉스가 한결 풍성해짐을 느끼게 될지도 모른다. 리조트 투숙객을 위한 조식 뷔페는 이디(조식 월~금요일 07:00~10:00, 토~일요일 07:00~10:30)에 차려진다. 대체적으로 섬모라의 그것과 별반 다르지 않지만 라이브 섹션이나 커피 스테이션 등에서 차이를 보인다. 가격이 상대적으로 저렴하므로, 섬모라의 조식 비용이 부담스럽다면 이디를 선택하는 것도 좋을 것 같다.

점심이나 저녁에는 하노루(점심 12:00~14:30, 저녁 17:30~22:00)로 가자. 제주를 대표하는 음식인 고등어조림, 옥돔구이, 성게미역국 등 단품 메뉴와 함께 흑돼지구이도 내놓는다. 외부

식당에 비하면 금액대가 높은 편이지만 쾌적한 환경과 친절함, 음식의 질과 함께 멀리 나서지 않아도 된다는 편리함까지 생각한다면 우리 가족 식사 장소로 손색이 없을 터다.

Services & ETC
가족 친화형 패키지 상품이 증명한다!
패밀리 프렌들리 해비치!

해비치 호텔 & 리조트의 다양한 패키지 상품 구성을 보고 있노라면, 가족 단위 호캉스족을 위해 얼마나 세심한 노력을 기울이는지 알 수 있을 것 같다. 아이들의 연령대에 맞춰 호텔 내 다양한 놀이 시설과 근처 여행지를 함께 즐길 수 있도록 구성한 상품이라든가, 이제 곧 새로운 가족을 만나게 될 예비 엄마, 아빠를 위해 산전 마사지가 포함된 패키지 등은 꼭 필요한 것만 꼭꼭 눌러 담은 종합 선물 세트 같은 느낌을 준다.

또 아이들이 즐거운 시간을 보내며 창의력까지 쑥쑥 키울 수 있는 액티비티 프로그램 '키즈 아틀리에', '키즈 쿠킹 클래스'와 함께 반나절 동안 두 프로그램 모두 참여하며 보육 직원들의

케어링 서비스를 받을 수 있는 '키즈 케어링' 프로그램도 운영한다. 엄마, 아빠가 편해야 아이들도 편하다는 불변의 진리를 해비치 호텔 & 리조트는 정확히 파악하고 있는 듯하다.

PIC A PIC!

호캉스의 추억을 오래도록 간직해줄 포토 스폿을 모으고 모았다!
결국 남는 것은 사진뿐. 호캉스의 시간을 찍고 찍고 또 찍어보자.

📷 태곳적 풍경 속으로 곶자왈 산책로

호텔 아트리움을 한 바퀴 도는 곶자왈 산책로는 해
비치 호텔의 숨은 사진 명소. 넓은 천창으로 햇살이
넘나드는 8층 높이의 아트리움 아래, 곶자왈을 똑
닮은 미니 산책로가 자리 잡았다. 양치식물로 뒤덮
인 신록 사이 산책로는 포토제닉한 사진을 찍기에
손색이 없다.

📷 바다와 조우하는 섬모라 테라스

호텔의 뷔페 레스토랑 섬모라의 전면 테라스는 남
제주의 푸른 바다 풍경을 만끽하기에 더없이 좋은
장소. 따스한 목재 테라스와 싱그러운 잔디 정원,
검은 괴석과 푸른 바다로 이어지는 독보적인 풍경
을 배경 삼아 감성 넘치는 사진을 남기기 좋다. 하
루 중에서는 이른 아침에 가장 아름다운 풍경을 보
여주는데, 섬모라 조식을 신청하지 않았더라도 외
부 산책로를 통해 접근할 수 있으니 잊지 말고 방
문해보자.

Plus Tip : 이것도 놓치지 말자!

+ 산책도 OK, 조깅도 OK! 바다를 벗 삼아 해비치를 돌아보자

해비치 호텔 & 리조트에는 바다를 마주한 1,500m 길이의 조깅 코스가 있다. 호텔 로비에서 시작해 다목적 스포츠창과 야외 공연장, 생태연못과 두 곳의 수영장을 따라 이어지는 조깅 코스는 바다 풍경을 만끽하며 느릿느릿 걷기에도 모자람이 없다. 전체 코스의 절반 이상이 해안선을 따라 이어지므로, 제주의 매서운 바닷바람을 주의할 것.

+ 베이커리 마고, 해피아워를 기억하자

해비치 호텔 & 리조트 로비에 위치한 베이커리 마고(08:00~22:00)는 수준 높은 빵 맛으로 여행자들 사이에서 입소문이 자자한 곳. 투숙객의 경우 상시 10% 할인 혜택을 제공하며, 매일 밤 9시 이후에는 해피아워를 통해 50% 할인된 가격으로 당일 구운 빵을 구매할 수 있다(일부 메뉴에 한함).

아이의, 아이에 의한, 아이를 위한 호캉스!

Hotel Toscana

호텔 토스카나

#키즈룸 #풀빌라 #온수수영장

HOTEL

독채 풀빌라와 디럭스 객실로 구성된 럭셔리 콘셉트 호텔로 시작했지만 키즈 룸으로 가득 채운 건물 하나를 새롭게 오픈하면서 제주도를 찾는 가족 여행객을 사로잡았다. 지하 1층, 지상 4층으로 이루어진 신관에는 세 가지 타입, 총 34개의 키즈 룸과 각종 놀이 시설을 갖춘 키즈 플레이 존이 아이들을 기다리고 있다. 키즈 플레이 존 바로 옆에는 브런치 레스토랑을 오픈해 아이들과 함께 호텔을 찾은 부모 님을 위한 배려도 잊지 않았다.

시간대별로 운영되는 키즈 클래스와 사계 절 온수를 공급하는 야외 수영장, 보드게임 과 인형 뽑기, 코인 노래방을 갖춘 플레이 존 까지 아이들을 위한 특화 서비스를 다양하게 제공하는 것도 호텔 토스카나를 즐겨찾기 해두어야 하는 이유 중 하나다. 공식 홈페이 지를 통해 원 데이 호캉스 패키지, 생맥주 무한 제공 등의 이색적인 패키지 상품을 수시로 선보이니 방문 전 프로모션을 꼼꼼하게 확인해보는 것을 추천한다.

INFO

성급	★★★★
체크인·아웃	15:00/11:00
요금	₩300,000~
추천	0~10세
주소	제주도 서귀포시 용흥로66번길 158-7
홈페이지	www.hoteltoscana.co.kr
전화번호	064-735-7000

Highlight

1 : 아이들에게 딱 맞춘 세 가지 타입의 키즈 룸

세 가지 타입, 총 34개의 키즈 룸이 아이들을 기다리고 있다. 부릉부릉 자동차 침대, 동화 같은 분위기의 2층 침대, 넓은 저상형 침대까지 꼬마 손님들의 다양한 취향을 고려해 디자인했다. 키즈 전용 어메니티와 개인 놀잇감도 준비되어 있다.

2 : 3대가 함께 숙박할 수 있는 독채 풀빌라

사계절 온수를 제공하는 단독 수영장을 갖춘 독채 건물로 프라이빗한 휴가를 즐기고 싶은 여행자들에게 추천한다. 3개의 침실과 4개의 욕실을 갖춘 프리빌리지 독채는 최대 10명이 숙박할 수 있다. 아이를 포함해 3대가 함께 방문해도 여유롭다.

3 : 사계절 온수로 운영하는 야외 수영장

평균 수온 36~37℃를 유지하는 사계절 온수 풀로 추운 겨울에도 따뜻하게 야외 수영을 즐길 수 있다. 여행의 피로를 풀어줄 자쿠지와 건식 사우나도 갖추었다. 수영장 앞에 설치된 대형 LED 스크린에서는 시간대별로 다양한 장르의 영화를 상영한다.

4 : 신나는 놀이 공간 밤비노 키즈 플레이 존

여러 가지 동화책과 자동차, 클라이밍과 미끄럼틀 등 아이들의 호기심을 자극할 다양한 놀이 시설이 준비되어 있다. 보물찾기와 마술, 촉감 놀이 등의 프로그램으로 구성된 스페셜 키즈 클래스에 참여해보는 것도 추천한다.

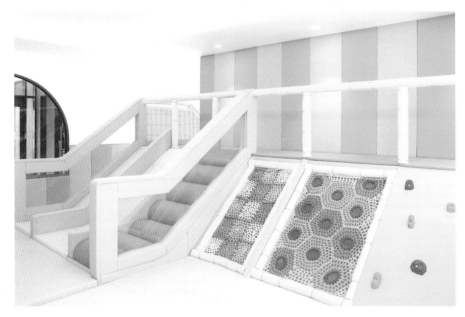

Kids Room
제주도 최대 규모의 키즈 룸

기존에 운영하던 2~3개 호텔 객실을 레노베이션해 키즈 룸으로 탄생시킨 것이 아니다. 지하 1층부터 지상 4층까지 건물 전체를 키즈 룸으로만 구성해 오픈했다. 친환경 소재, 무풍 에어컨, 개별 놀잇감 등 객실 내 가구나 소품 하나에서도 아이 동반 가족 여행자를 위한 다양한 배려가 엿보인다. 모든 키즈 룸에는 호텔 기본 어메니티는 물론이고 아이를 위한 어메니티와 가운 등을 비치했다. 아이의 나이나 성별, 취향에 따라 원하는 타입의 키즈 룸을 선택할 수 있으며 타입에 따라 투숙 가능 인원도 조금씩 달라진다.

당장이라도 멋진 배기음을 내뿜을 것만 같은 자동차 침대와 공구 놀이, 엄마, 아빠를 위한 넉넉한 퀸 사이즈 침대가 놓여 있는 키즈 자동차 침대 룸은 자동차에 푹 빠진 아이에게 최고의 선택이 되어줄 것이다. 소아 1명을 포함해 최대 3인이 숙박 가능하다.

부드러운 파스텔 색감의 벙커 침대와 블록 장난감을 갖춘 키즈 2층 침대 룸은 부모님을 포함해 최대 4인까지 숙박 가능하다. 바닥이 마루로 이루어져 보다 안전

하게 놀이를 즐길 수 있다. 바닥에 가만히 누워 천장을 올려다보면 커다란 토끼를 만날 수 있다.

키즈 패밀리 룸은 퀸 사이즈의 저상형 침대 2개가 붙어 있다. 온 가족이 편하게 누울 수 있는 넉넉한 사이즈다. 영·유아는 물론이고 아직 잠자리 독립을 하지 못한 아이와 함께라면 키즈 패밀리 룸을 추천한다. 커다란 창문을 통해 아름다운 제주의 절경을 감상하기도 좋다. 어린이 2인을 포함해 최대 4인이 숙박할 수 있다.

Pool Villa
이탈리아 휴양지에 온 듯한 독채 풀빌라

호텔 토스카나의 독채 풀빌라는 제주 내 여러 풀빌라 중에서도 가장 큰 규모를 자랑한다. 내부와 외부는 물론 건물 주변의 조경까지 여유로운 이탈리아 휴양지 분위기를 느낄 수 있다. 제주도가 아닌 멀리 해외로 여행을 떠나온 듯한 기분이 들 정도다.

노블레스와 프리빌리지, 두 가지 타입의 풀빌라 독채는 각각 프라이빗 수영을 즐길 수 있는 온수 풀이 포함되어 있다. 평형에 따라 수영장 크기에 차이가 있긴 하지만 가로 9~15m의 넉넉한 사이즈를 자랑한다. 덕분에 24시간 내가 원하는 시간에 원하는 만큼 수영을 즐길 수 있다. 1층 거실과 침실에서 두세 걸음이면 바로 수영장으로 입수 가능한 것도 장점이다. 수영장은 물론이고 건물 내부가 보이지 않도록 설계해 다른 투숙객과 접촉하지 않고 가족만의 특별한 휴가를 보낼 수 있다.

노블레스 독채 1층과 2층에는 총 2개의 거실과 2개의 침실, 3개의 욕실과 테라스가 있다. 최대 숙박 가능 인원은 6명이다. 그보다 더 넓은 프리빌리지 독채는 침실과 욕실이 하나씩 더 추가된다. 최대 숙박 가능 인원은 10명으로 대가족이 방문해도 여유롭게 이용할 수 있다. 방문 인원이 여럿일 경우 2~3개 호텔 객실을 각각 예약하는 것보다 풀빌라 독채 하나를 예약하는 것이 더 좋은 선택이 될 수도 있다.

Facilities

극장으로 변신하는 로맨틱한 야외 수영장

호텔 토스카나의 스텔라 야외 온수 풀은 사계절 내내 김이 모락모락 피어날 정도의 따뜻한 온수를 유지하고 있다. 평균 수온은 36~37℃다. 덕분에 추운 겨울에도 자유롭게 야외 수영장을 이용할 수 있다. 수심은 0.7m부터 시작해 서서히 깊어지는 구조로 가장 깊은 곳은 1.5m에 이른다. 안전사고에 대비해 수영장이 깊어지는 구간엔 가이드 줄이 설치되어 있다. 아이들이 자유롭게 이용할 수 있는 워터 슬라이드도 마련되어 있다.

수영복과 모자 착용은 필수이며 타월은 무료로 제공한다. 구명조끼와 비치 가운은 각각 5,500원의 추가 요금이 부과된다. 객실 내 가운을 이용하면 불필요한 지출을 줄일 수 있다. 선베드는 3시간 기준 22,000원이며 삼다수 2병이 포함되어 있다. 커플 카바나는 28,000원, 커플 선베드 요금은 33,000원이다. 생수와 비치 가운, 스낵 등의 서비스가 포함되어 있다. 선베드 가격과 포함 서비스는 변동될 수 있으니 미리 호텔에 문의해보자.

수영장 메인 무대에는 LED 스크린이 설치되어 있다. 요일과 시간에 따라 다양한 장르의 영화를 상영한다. 무선 헤드셋까지 대여한다면 그 순간 수영장이 극장으로 변신할 것이다. 낮에는 태양 빛 때문에 스크린 화면이 선명하지 않아 다소 불편할 수 있다. 영화 감상을 원한다면 저녁을 추천한다.

수영장 옆 풀 사이드 바에서는 시즌별로 이색적인 메뉴를 선보인다. 계절에 따라 군고구마, 어묵, 맥주 등을 무료로 제공하는 해피아워 이벤트도 수시로 진행한다.

• 운영 시간
  10:00~22:00

Check Point

4

Dining
제주의 사계절을 맛볼 수 있는 까보스코 레스토랑

호텔에서 많은 시간을 보내는 호캉스에서 호텔을 선택하는 기준은 다양하다. 아이들을 위한 놀이 시설 유무나 넓은 수영장만큼 중요한 기준은 입을 즐겁게 해주는 다채로운 음식일 것이다. 호텔 토스카나 까보스코 레스토랑은 이탈리아 베니스에서 30년간 경력을 쌓은 전문 셰프와 국내 베테랑 셰프가 컬래버레이션해 선보이는 한국적이면서도 이국적인 특별 메뉴를 제공한다.

아침 식사는 합리적인 가격의 뷔페를 선보인다. 메뉴 가짓수가 많은 편은 아니지만 꼭 필요한 음식은 대부분 갖추었다. 신선한 샐러드와 건강 주스, 갓 구운 빵은 물론 즉석에서 크로플을 만들어 먹을 수도 있다. 든든한 하루를 시작할 수 있게 해주는 쌀밥과 따뜻한 국, 고기 메뉴, 각종 밑반찬도 다양하게 준비되어 있다. 주먹밥, 치킨, 감자튀김 등 아이들이 좋아하는 메뉴를 모아놓은 키즈 존도 있다.

저녁에는 아뮤즈 부슈를 포함한 5코스 테이블 다이닝 디너를 제공한다. 랍스터 구이, 모둠 해산물, 돔베

고기 등 계절에 따라 제주도의 제철 식재료를 활용한 메뉴를 선보인다. 뷔페가 아니라고 아쉬워할 필요 없을 정도로 다양한 요리를 쉴 새 없이 제공한다. 매번 조금씩 변동되는 메뉴의 자세한 구성은 홈페이지에서 확인할 수 있다. 35개월 이하 유아는 별도 요금 없이 매일 다른 스타일의 수프를 제공한다.

- 운영 시간
  조식 뷔페 | 07:00~10:30
  디너 테이블 다이닝 | 18:00~22:00

- 요금
  조식 뷔페 | 어른 29,000원, 어린이(36개월~13세 이하) 20,000원
  디너 테이블 다이닝 | 어른 95,000원, 어린이(36개월~13세 이하) 55,000원

원래 아침잠이 별로 없는 아이는 여행지에 가면 더 이른 시간에 잠에서 깨곤 해요. 이날도 어김없이 해가 뜨자마자 자리에서 일어나더라고요. 잠들기 전 암막 커튼을 제대로 닫아두지 않은 남편에게 잔소리를 하려다 무심코 창밖을 내다봤어요. 하얀 눈이 소복하게 내려앉은 한라산 정상이 한눈에 들어오더라고요. 아이와 나란히 침대 위에 앉아서 한참을 보고 또 봤어요. 언젠가 아이와 두 손 꼭 잡고 함께 백록담에 오를 날을 기약하면서 말이에요.

열한 살, 벌써 10대가 되었지만 아이는 아직도 엄마 혹은 아빠와 함께 잠을 자요. 수년 전부터 아이가 자신의 방에서 혼자 잠을 자겠다며 수시로 선언해왔지만 번번이 실패하고 있답니다. 아이가 그토록 갖고 싶어 하던 2층 침대를 사주지 않아서 그런 걸까요? 하지만 아이의 오랜 로망이던 2층 침대에서 잠을 청하던 이날 밤에도 역시 아이는 아빠와 함께 잠이 들었어요. 아무래도 2층 침대는 영영 사주지 못할 것 같네요.

늦은 밤 야간 수영을 즐기려고 수영장에 도착했을 때, 낮에는 보지 못했던 아주 커다랗고 밝은 달이 수영장을 비추고 있었어요. 초승달에서 반달이 되었다가 보름달로 매일 조금씩 모양이 달라지는 달이 아니라 매일 밤 밝게 빛나는 보름달이었어요. 달에 처음 발을 내딛던 닐 암스트롱처럼 조심스럽게 달에 손을 내미는 아이에게 이렇게 이야기해줬어요. "최초로 달을 만져본 초등학생이 된 기분이 어때?"

훌쩍 커버린 몸은 생각하지 않고 아직도 장난감만 보면 달려드는 열한 살 어린이는 이날도 우스꽝스러운 모습으로 자동차 장난감에 제대로 끼어버렸어요. 혼자 힘으로는 들어가지도, 빠져나오지도 못하고 애타게 저를 부르더라고요. 물론 저는 후다닥 달려가 아이를 구출해주는 대신 열심히 카메라 셔터를 눌렀습니다. 덕분에 우울한 일이 생길 때마다 꺼내 보는 사진 폴더에 새로운 사진이 추가되었어요.

PIC A PIC!

호캉스의 추억을 오래도록 간직해줄 포토 스폿을 모으고 모았다!
결국 남는 것은 사진뿐. 호캉스의 시간을 찍고 찍고 또 찍어보자.

📷 인생 사진은 이곳에서! 야외 온수 풀

커다란 수영장을 따라 키 큰 야자수가 줄지어 서
있어 이국적인 분위기를 자아낸다. 선베드에 누워
야자수와 수영장을 한 프레임에 담아 찍으면 제주
도가 아닌 해외 유명 휴양지에서 찍은 사진처럼 보
인다. 색색의 조명이 켜지는 저녁에는 수영장 한쪽
에 거대한 달이 등장한다. 달을 배경으로 멋진 실루
엣 사진을 담는 것도 잊지 말자.

📷 고즈넉한 야외 산책로

야외 수영장과 독채 풀빌라 사이에 가볍게 걷기 좋
은 산책로가 조성되어 있다. 길 양쪽으로는 야자수
와 감귤나무가 심어져 있다. 바닥은 제주의 자연석
을 이용해 자연 친화적인 분위기를 느낄 수 있다.
호텔 주변을 가볍게 산책하며 다양한 포인트에서
자연스러운 사진을 남겨보는 것을 추천한다.

Plus Tip : 이것도 놓치지 말자!

+ 밤비노 키즈 플레이 존

키즈 룸으로 가득한 신관 1층에 자리 잡은 놀이공간이다. 아이들의 안전을 배려해 푹신한 소재의 미끄럼틀과 클라이밍이 설치되어 있다. 스펀지 블록, 자석 칠판, 주방 놀이, 다양한 종류의 책까지 갖추어 아이의 성향에 따라 즐기면서 자유롭게 시간을 보낼 수 있다. 내부에는 아이들을 위한 화장실도 있다. 48개월 미만 유아의 경우 보호자와 동반 입장해야 한다. 매일 오후 3시부터 6시까지 촉감 놀이, 만들기, 미술, 보물찾기 등 6개의 각기 다른 프로그램으로 구성된 키즈 클래스를 운영한다. 이용 가능한 연령은 48개월~8세 이하이며 6명의 인원으로 한정 운영된다. 이용을 원한다면 사전에 예약해야 한다.

이용 가능 연령
키즈 플레이 존 9세 이하
키즈 클래스 48개월 이상 8세 이하
이용 시간 09:00~22:00
요금 입장료(3시간) 10,000원
　　　키즈 클래스(3시간) 40,000원

이색적인 애니멀 스토리 하우스

Blue Whale Resort

흰 수염 고래 리조트

#동물모양독채숙소 #잔디광장 #놀이터

넓은 잔디마당을 중심으로 코끼리, 사슴, 코뿔소 등의 동물 모양 방갈로가 모여 있는 이색적인 리조트다. 야외 수영장, 클라이밍 체험, 트램펄린과 함께 여러 종류의 붕붕카, 킥보드까지 아이의 연령이나 성향에 따라 이용 가능한 놀잇감을 갖추었다. 놀랍게도 이 모든 시설은 투숙객에게 무료로 개방된다. 고급스러운 시설과 객실을 갖춘 럭셔리 호텔과는 다소 거리가 먼 것은 사실이지만 아이들에게만큼은 5성급 호텔 부럽지 않다. 리조트 메인 건물은 스탠다드 더블, 패밀리 럭셔리, 패밀리 스위트 등의 객실로 구성되어 있다. 가족 여행에 특화된 리조트이다 보니 객실마다 아이들을 위한 편의 시설이 잘 마련되어 있다. 하지만 이곳에서 묵는다면 이색적인 애니멀 스토리 하우스에 숙박하는 것을 추천한다. 동물 모양 하우스에서의 하룻밤은 아이들에게 꿈같은 시간을 선물해줄 것이다.
제주국제공항에서 차로 20여 분 거리로 제주 여행의 첫날 혹은 마지막 날 숙박하기에도 좋다.

INFO

성급	★★★
체크인·아웃	15:00/11:00
요금	₩135,000원~
추천	0~7세
주소	제주도 제주시 애월읍 일주서로 6818
홈페이지	www.jejubluewhale.com
전화번호	064-747-5553

1 : 코끼리, 사슴, 코뿔소 등 귀여운 동물과 함께하는 꿈 같은 하룻밤

이곳에서는 동물 모양으로 꾸민 숙소에서 아이들과 함께 꿈 같은 하루를 보낼 수 있다. 컬러풀 애니멀 스토리 하우스에 들어서면 2층 침대가 놓인 아담한 방이 등장한다. 필로티 형식의 2층 애니멀 하우스에는 야외로 연결되는 미끄럼틀이 설치되어 있다.

2 : 리조트 전체가 아이들의 놀이 공간

리조트 중앙의 넓은 잔디마당, 옥상에 세워진 아이들 놀이터, 트램펄린과 클라이밍 체험까지, 리조트 곳곳에 아이들이 좋아 하는 놀이 공간이 가득하다. 하루 종일 리조트 안에만 머물러도 할 수 있는 것이 너무나 많다.

3 : 리조트가 한눈에 내려다보이는 옥상 놀이터

실내 바비큐장이 있는 건물 옥상에 오르면 유아를 위한 미니 놀이터가 등장한다. 리조트 전경이 한눈에 내려다보이는 전 망대 역할도 한다. 옥상 전체에 유리 울타리가 설치되어 있지 만 안전사고를 대비해 보호자 동반은 필수다.

Kids Room
미끄럼틀이 설치된 애니멀 스토리 하우스

아이들이 좋아하는 놀이 시설로 무장한 흰 수염 고래 리조트의 하이라이트는 단연 귀여운 동물 모양 애니멀 스토리 하우스다. 파란색 코끼리, 주황색 사슴, 보라색 코뿔소 등 컬러풀한 동물들의 몸속으로 들어가 보면 2층 침대가 놓인 아담한 공간이 나온다.《피노키오》같은 동화책에서만 보아오던 놀라운 일이 아이들의 눈앞에 펼쳐지는 순간이다.

애니멀 하우스의 내부는 침실과 거실을 구분하지 않은 원룸 스타일로 2층 침대와 2인용 소파가 있다. 2층 침대 위 천장에는 자그마한 창문이 있다. 날씨만 허락한다면 침대에 누워 밤하늘에서 반짝거리는 별을 올려다볼 수 있다. 냉장고, 인덕션, 밥솥 등 주방용품과 조리 도구를 갖추어 간단한 음식을 만들어 먹을 수도 있다. 전자레인지는 리조트 메인 건물 1층과 바비큐장에 비치되어 있다. 즉석식품이나 간단한 먹거리도 판매한다. 욕실에는 샤워 부스가 있으며 비누와 샴푸, 수건 등을 제공한다. 칫솔이나 치약 등 아이용 어메니티는 따로 준비해야 한다.

작은 발코니가 있는 1층 애니멀 하우스 3동, 외부로 연결되는 미끄럼틀이 설치된 필로티 형식의 2층 애니멀 하우스가 4동으로 총 7개 동을 운영한다. 2층 애니멀 하우스에 숙박한다면 아이들은 계단 대신 미끄럼틀을 이용해 야외로 나올 수 있다. 예약 시 1층이나 2층 중 원하는 타입을 선택할 수 있지만 동물을 지정해서 예약하는 건 불가능하다. 성수기나 주말에는 서둘러 예약하는 것을 추천한다. 애니멀 하우스 숙박 가능 인원은 최대 4명이다.

Facilities
아이들이 마음껏 뛰놀 수 있는 잔디마당 놀이터

리조트 중앙에 자리 잡은 잔디마당 놀이터는 아이들에게 마음껏 뛰놀 수 있는 넓은 공간을 제공한다. 또 그네와 미니 포클레인, 기다란 애벌레 모양의 미끄럼틀 등 아이들의 흥미를 유발할 다양한 놀이 시설이 있다. 잔디마당을 둘러싼 트랙을 따라 리조트 구석구석을 돌아볼 수 있는 미니 기차도 운행한다.

킥보드와 여러 종류의 붕붕카는 리조트 내 지정 구역에 비치되어 있다. 잔디마당 주변 산책로에서 이용할 수 있으며 제자리로 가져다 두기만 한다면 누구나 자유롭게 이용 가능하다. 배드민턴 라켓과 캐치볼, 야구 배트 등 가족과 함께 다양한 게임을 즐길 수 있는 물품도 준비되어 있다.

하늘을 향해 점프하며 스트레스를 날려버릴 수 있는 트램펄린 놀이터 팡팡 플레이방, 안전하게 암벽 등반 체험을 할 수 있는 키즈 클라이밍 역시 원한다면 모두 이용 가능하다. 잔디마당과 놀이 시설을 둘러보다 보면 이곳이 왜 아이들을 위한 최고의 리조트인지 단번에 알 수 있다.

Facilities
계절마다 다양한 즐거움을 제공하는 야외 수영장

리조트 메인 건물과 맞닿은 야외 수영장은 여름에 특히 인기 있다. 수심 1m로 초등학생 정도의 아이가 수영을 즐기기에 적합하며 그보다 더 어린 유아를 위한 수심 낮은 유아 풀도 함께 운영한다. 반대쪽에는 수영장으로 빠르게 입수 가능한 워터 슬라이드가 있다. 수영장을 이용할 때는 수영복이나 래시가드 착용이 필수이며 튜브나 구명조끼 등은 따로 준비해야 한다. 여름에 수영장 이용이 주목적이라면 리조트 1층 객실

을 선택해 예약하는 것이 좋다. 객실 내 거실 창을 이용해 자유롭게 수영장을 오갈 수 있기 때문이다.

기온에 따라 이용 여부가 달라지는 야외 수영장의 특성상 여름을 제외하고는 수영장 이용이 어려운 것이 사실이다. 하지만 이곳에서는 한겨울을 제외하고 늘 야외 수영장에 물이 가득 채워져 있다. 수영장에 입수하는 대신 수영장 위에서 즐길 수 있는 수상 자전거와 페달 보트를 운영하기 때문이다. 유명 관광지나 놀이공원에서나 볼 수 있었던 거대한 풍선 워터 휠도 비치되어 있다. 리조트 내 다른 시설과 마찬가지로 별도의 요금 지불 없이 투숙객이라면 자유롭게 이용할 수 있다. 단, 안전요원이 상주하지 않기 때문에 반드시 가까운 거리에서 아이들을 지켜봐야 한다.

• 운영 시간 09:00~20:00

Dining

날씨에 상관없는 바비큐 파티

넓은 잔디마당에서 신나게 뛰어놀았으니 다음은 허기진 배를 든든하게 채워줄 차례다. 스탠다드 더블룸을 제외하면 대부분의 객실에 주방이 있어 간단하게 식사를 해결할 수 있지만, 놀이방이 있는 실내 바비큐장에서 푸짐한 바비큐 파티를 즐겨보는 것은 어떨까. 흰 수염 고래 리조트 실내 바비큐장에는 아이들을 위한 놀이방과 레트로 게임기, 장난감이 다양하게 준비되어 있다. 맛있는 바비큐를 맛보며 여러 놀이를 즐길 수 있어 아이들은 물론이고 가족 모두가 행복한 식사 시간을 보낼 수 있다.

바비큐 그릴과 가위, 집게, 그릇 등을 이용하려면 약간의 비용이 필요하다. 고기와 채소 등은 따로 제공하지 않으므로 미리 준비해야 한다. 즉석밥이나 과자, 라면 등은 리조트 내에서 운영하는 편의점에서 구입할 수 있다. 애니멀 스토리 하우스에 숙박할 경우 테라스 덱에서 프라이빗 바비큐를 이용할 수 있다. 단, 야외 테라스는 바람이 심하게 불거나 비가 올 경우 이용이 제한된다. 실내 바비큐장은 한정적인 공간으로 체크인 시 예약하는 것을 추천한다.

- 이용 시간
  18:00~22:00

- 요금
  실내 바비큐 | 4인 기준 그릴 27,000원(가위, 집게, 그릇 등 제공)
  야외 바비큐 | 숯, 그릴 20,000원
  *음식 불포함

기다리고 기다리던 흰 수염 고래 리조트에 체크인하던 날. 아쉽게도 하루 종일 비가 많이 내렸어요. 창문 너머로 비 내리는 풍경을 바라보기만 해야 했죠. 하지만 정말 다행스럽게도 다음 날은 해가 반짝! 밤새 내린 비로 미세 먼지가 말끔하게 씻겨 내려간 덕분에 하늘이 정말 예뻤답니다.

우리 가족은 모두 운동에 영 소질이 없어요. 이제 열한 살이 된 아이도 마찬가지고요. 게다가 겁은 또 얼마나 많은지. 어린이용 클라이밍 체험을 해보겠다고 호기롭게 올라갔는데, 겨우 한 발 올라가서는 무섭다고 소리를 지르더라고요. 그런데 사진 속 모습이 고작 지상에서 30cm 높이였다는 겁니다. 맙소사.

PIC A PIC!

호캉스의 추억을 오래도록 간직해줄 포토 스폿을 모으고 모았다!
결국 남는 것은 사진뿐. 호캉스의 시간을 찍고 찍고 또 찍어보자.

📷 컬러풀 애니멀 스토리 하우스

멀리서도 눈길을 사로잡는 컬러풀 애니멀 하우스를
돌아보며 마음에 드는 동물과 멋진 기념사진을 남겨
보자. 구도가 다소 어려운 2층 애니멀 하우스보다는
1층인 코뿔소, 코끼리, 사슴 등을 추천한다. 정면보
다는 측면에서 동물의 옆모습이 나오도록 찍는 것
이 베스트. 옥상 놀이터에 올라가 잔디밭과 동물 모
양 건물을 한 프레임에 담아보는 것도 좋다.

📷 나만의 히어로와 함께 찰칵!

로비를 비롯한 리조트 곳곳에는 엄청난 크기를 자
랑하는 다양한 피겨가 전시되어 있다. 시그니처 포
즈를 뽐내며 서 있는 아이언맨, 어린 시절 추억이
가득한 로봇 태권 브이, 그리고 귀여운 아톰까지.
아이들은 물론 부모님도 어린 시절로 돌아가 색다
른 기념사진을 남길 수 있다. 보물찾기 하듯 곳곳에
숨어 있는 피겨를 찾아보는 재미도 쏠쏠하다.

◉ 아이와 함께 다녀오면 좋은 곳

▶▶▶ **제주도 동쪽**

함덕해수욕장

새하얀 모래사장 너머 투명하게 빛나는 에메랄드빛 바다가 펼쳐져 있다. 함덕해수욕장은 제주도의 수많은 해수욕장 중에서도 바다 색이 예쁘기로 둘째가라면 서러운 곳이기도 하다. 모래가 곱고 수심이 얕아 아이들과 함께 해수욕을 즐기기 좋다. 제주 올레 19코스가 이어지는 서우봉은 아이들도 가볍게 오를 수 있는 오름이다. 서우봉에서 내려다보는 바다 풍경도 놓치지 말자.

주소 제주도 제주시 조천읍 조함해안로 525 | **전화** 064-728-3989

아침미소목장

넓은 초원을 자유롭게 오가며 자라는 젖소들을 볼 수 있는 친환경 목장이다. 산책로와 포토 존이 조성되어 있으며 별도의 입장료가 없어 부담 없이 방문하기 좋다. 약간의 비용을 지불하면 송아지 우유 주기, 동물 먹이 주기 등 목장 체험이 가능하다. 목장에서 짠 신선한 우유와 치즈, 요거트 등을 판매하는 카페도 있다.

주소 제주도 제주시 첨단동길 160-20 | **전화** 064-727-2545 | **시간** 수~월요일 10:00~17:00, 화요일 휴무 | **가격** 무료(체험비 유료) | **홈페이지** https://morningsmile.modoo.at

에코랜드 테마파크

1800년대 증기기관차인 볼드윈 기차를 탑승하고 신비의 숲 곳곳을 구석구석을 둘러볼 수 있다. 호수 주변을 산책할 수 있는 에코 브리지 역, 거대한 풍차와 동백나무 숲이 있는 레이크 사이드 역 등이 있다. 기차 탑승의 즐거움은 물론이고 다양한 체험도 가능하다.

주소 제주도 제주시 조천읍 번영로 1278-169 | **전화** 064-802-8000 | **시간** 08:30~17:40 | **가격** 어른 14,000원, 청소년(만 13~18세) 12,000원, 어린이(36개월~만 12세) 10,000원 | **홈페이지** http://theme.ecolandjeju.co.kr

스누피 가든

유명 애니메이션 〈피너츠〉의 주인공 찰리 브라운과 친구들, 귀여운 반려견 스누피의 이야기로 가득한 체험형 가든이다. 5개 테마로 구분된 실내 전시 공간과 야외 가든이 있다. 아름다운 자연을 직접 체험하고 캐릭터들과 다양한 기념사진을 남길 수 있다.

주소 제주도 제주시 구좌읍 금백조로 930 | **전화** 064-903-1111 | **시간** 10~2월 09:00~18:00, 3~9월 09:00~19:00 | **가격** 어른 18,000원, 청소년(만 14~19세) 15,000원, 어린이(36개월~만 13세) 12,000원 | **홈페이지** www.snoopygarden.com

제주 레일바이크

바퀴 4개 달린 자전거를 타고 레일을 따라 달리며 아름다운 제주의 풍경을 감상할 수 있다. 좌석마다 페달이 있는 자전거이긴 하지만 전기모터 덕분에 큰 힘을 들이지 않아도 된다. 용눈이오름과 다랑쉬오름, 성산일출봉 등을 조망할 수 있는 코스로 구성되어 있으며 총 소요 시간은 35분 정도다.

주소 제주도 제주시 구좌읍 용눈이오름로 641 | **전화** 064-783-0033 | **시간** 09:00~17:30 | **가격** 4인승 48,000원, 3인승 40,000원, 2인승 30,000원 | **홈페이지** http://www.jejurailpark.com

성산일출봉

원래는 육지와 떨어진 화산섬이었지만 주변에 모래와 자갈이 쌓이면서 길이 생겼고, 이후 도로를 확장해 완벽하게 육지와 연결되었다. 정상에 오르면 약 264,462m²에 이르는 거대한 분화구가 있으며 끝없이 펼쳐진 바다 풍경과 함께 우도의 모습도 한눈에 확인할 수 있다. 오르는 길이 다소 험하긴 하지만 초등학생 이상이라면 충분히 정상에 오를 수 있다.

주소 제주도 서귀포시 성산읍 성산리 1 | **전화** 064-783-0959 | **시간** 10~2월 07:30~19:00, 3~9월 07:00~20:00(첫째 주 월요일 휴무) | **가격** 어른 5,000원, 청소년·어린이 2,500원

아쿠아플라넷 제주

아시아 최대 규모의 해양 테마파크로 500여 종 2만 8000마리의 생물을 보유하고 있다. 춤추는 물범, 달리는 수달 등 흥미로운 생태 설명회와 함께 다이내믹한 공연 프로그램도 진행한다. 가로 23m, 세로 8.5m의 초대형 메인 수조에서는 제주의 바닷속 생태계를 그대로 재현한 환상적인 풍경을 감상할 수 있다.

주소 제주도 서귀포시 성산읍 섭지코지로 95 | **전화** 1833-7001 | **시간** 09:30~19:00 | **가격** 어른 39,000원, 중·고생 37,300원, 어린이(36개월~만 13세) 35,400원 | **홈페이지** www.aquaplanet.co.kr/jeju

휴애리 자연생활공원

제주의 봄을 알리며 피어나는 매화를 시작으로 수국, 핑크뮬리, 동백까지 사계절 내내 제주의 아름다운 꽃을 감상할 수 있는 축제를 개최한다. 동물 먹이 주기, 곤충 테마관 등 아이들을 위한 공간도 마련되어 있으며 흑돼지와 거위가 등장하는 〈흑돼지야 놀자〉 공연이 특히 인기 높다. 겨울에는 감귤 따기 체험도 할 수 있다.

주소 제주도 서귀포시 남원읍 신례동로 256 | **전화** 064-732-2114 | **시간** 10~3월 09:00~18:30, 4~9월 09:00~19:30 | **가격** 어른 13,000원, 중·고생 11,000원, 어린이(25개월~만 13세) 10,000원 | **홈페이지** www.hueree.com

♀ 아이와 함께 다녀오면 좋은 곳

▶▶▶ 제주도 서쪽

도치돌 알파카목장

폭신한 털이 매력적인 장난꾸러기 알파카와 함께 토끼, 양, 포니 등 귀여운 동물 친구를 모두 만날 수 있다. 입장권에 먹이 주기 체험 1회를 포함해 목장을 자유롭게 둘러보며 동물들에게 먹이 주는 체험도 할 수 있다. 알파카를 직접 만져보거나 함께 사진 촬영도 가능하지만 뒷다리 쪽을 쓰다듬을 경우 발차기를 할 수도 있으니 주의해야 한다.

주소 제주도 제주시 애월읍 도치돌길 293 | **전화** 010-3382-6909 | **시간** 10~2월 10:00~17:30, 3~9월 10:00~18:00 | **가격** 10,000원 | **홈페이지** http://alpacajeju.com

아르떼뮤지엄 제주

과거 스피커 공장으로 사용하던 곳을 개조해 세운 몰입형 미디어아트 전시관이다. 제주도를 테마로 다양한 빛깔로 뻗어나가는 빛과 잔잔하게 울리는 소리를 활용한 11개의 다채로운 미디어아트를 관람할 수 있다. 직접 색칠한 동물들이 거대한 정글 속으로 이동하는 이색적인 체험도 가능하다.

주소 제주도 제주시 애월읍 어림비로 478 | **전화** 1899-5008 | **시간** 10:00~20:00 | **가격** 어른 17,000원, 14~19세 13,000원, 8~13세 10,000원, 4~7세 8,000원 | **홈페이지** https://artemuseum.com

새별오름

수많은 제주 오름 중 비교적 오르기 쉽고 풍경이 아름다워 관광객들에게 큰 사랑을 받는 오름이다. 특히 가을에는 은빛 억새로 뒤덮여 장관을 이룬다. 정상까지 소요 시간은 30분 내외로 아이들과도 무리 없이 오를 수 있다. 제주를 대표하는 축제인 들불축제가 열리는 곳이기도 하다.

주소 제주도 제주시 애월읍 봉성리 산59-8

더마파크

승마와 기마 공연 등 말을 테마로 한 공원이다. 공연은 매일 세 차례 진행되며 공연 시간은 50분 정도다. 세 가지 코스의 승마 체험, 카트, 실내 동물원 등의 시설이 있다. 공연 관람료와 별도로 각 시설을 이용할 때마다 티켓을 구입해야 한다.

주소 제주도 제주시 한림읍 월림7길 155 | **전화** 064-795-8080 | **시간** 09:00~17:00 | **가격**(공연 관람료) 어른 20,000원, 중·고생 18,000원, 어린이(36개월~만 13세) 15,000원 | **홈페이지** www.mapark.co.kr

제주 유리의성

국내 최초의 유리 전문 박물관이자 테마파크로 유리로 만
든 다양한 예술 작품이 전시되어 있다. 이탈리아와 체코 등
세계 유명 작가의 작품과 함께 유리 오케스트라, 유리 마을
등 이색적인 전시품도 많다. 사방에 대형 유리를 세운 유리
미로는 아이들이 특히 좋아하는 공간이다. 유리를 녹여 다
양한 작품을 만들어보는 체험도 가능하다.

주소 제주도 제주시 한경면 녹차분재로 462 | **전화** 064-772-7777 | **시
간** 09:00~19:00 | **가격** 어른 11,000원, 중·고생 9,000원, 어린이(36개
월~만 13세) 8,000원 | **홈페이지** www.jejuglasscastle.com

헬로키티 아일랜드

오랜 시간 아이들에게 큰 사랑을 받아온 헬로키티의 탄생부
터 현재까지 이야기를 가득 담고 있다. 온통 핑크빛인 헬로
키티의 방에서는 이색적인 기념사진을 담을 수 있으며, 아
이들을 위한 놀이 공간도 있다. 3층에는 헬로키티 애니메이
션을 상영하는 극장과 미로공원이 자리한다. 헬로키티 모양
의 외플을 맛볼 수 있는 카페도 놓치지 말자.

주소 제주도 서귀포시 안덕면 한창로 340 | **전화** 064-792-6114 | **시간**
09:00~18:00 | **가격** 어른 14,000원, 중·고생 13,000원, 어린이(24개월
~초등학생) 11,000원 | **홈페이지** www.hellokittyisland.co.kr/museum

세계자동차 & 피아노박물관

클래식카부터 스포츠카까지 전 세계 자동차의 역사를 한눈
에 살펴볼 수 있는 세계자동차박물관 옆으로 피아노박물관
이 개관하면서 자동차는 물론 진귀한 피아노까지 함께 관
람할 수 있게 되었다. 아이들이 직접 전기 자동차를 운전할
수 있는 어린이 교통 체험과 피아노 연주, 지휘 체험 등이
가능한 음악 체험관도 운영한다.

주소 제주도 서귀포시 안덕면 중산간서로 1610 | **전화** 064-792-3000 |
시간 09:00~18:00 | **가격** 어른 13,000원, 36개월~중·고생 12,000원 |
홈페이지 www.worldautopianomuseum.com

테디베어 뮤지엄

1902년 탄생한 테디베어의 역사를 전시한 박물관이다. 세계
각국에서 수집한 진귀한 테디베어가 전시되어 있다. 세계적
인 명화를 패러디한 작품, 드라마나 영화에 등장한 테디베
어, 유명 인사를 모티브로 만든 테디베어까지 다양한 볼거
리를 제공한다. 2021년 5월에는 개관 20주년을 기념해 리뉴
얼한 후 새롭게 오픈했다.

주소 제주도 서귀포시 중문관광로110번길 31 | **전화** 064-738-7600 | **시
간** 09:00~18:00 | **가격** 어른 12,000원, 청소년 11,000원, 어린이(36개월
~만 13세) 10,000원 | **홈페이지** www.teddybearmuseum.com

memo

HOTEL